Petit Guide

à l'usage de ceux
qui sont assez
fous ou **inconscients**
pour assumer la responsabilité
de

Grands Projets

Jean-Pierre Capron

Publié par Fourth Revolution Publishing, Singapore
Une marque de Fourth Revolution Pte Ltd
23D Charlton Lane, Singapore 539690,
www.FourthRevolutionPublishing.com
Contact : contact@thefourthrevolution.org

**La publication de ce livre a été sponsorisée par Project Value Delivery, une
société de conseil dans le domaine des grands projets complexes –**
www.ProjectValueDelivery.com
Contact : contact@ProjectValueDelivery.com

Ce livre est disponible à la fois en format broché et comme livre électronique sur
Kindle, et il est disponible à l'achat chez les libraires en ligne dans le monde
entier.

**Contactez nous pour des commandes en gros ou si vous
souhaitez une édition spécifique pour votre organisation (une occasion unique de promouvoir les bonnes
pratiques en matière de gestion de projets).**

ISBN: 978-981-07-2169-5
ISBN e-book: 978-981-07-2170-1

Publié à Singapour.
Première impression –Print On Demand via LightningSource

Tell me and I forget.
Teach me and I remember.
Involve me and I learn*.

Benjamin Franklin

* *Dites-moi et j'oublie.*

Enseignez-moi et je me rappelle.

Impliquez-moi et j'apprends.

Table des Matières

Préface

Comme le titre de ce Petit Guide l'indique, il s'attaque à un sujet qui nécessite d'avoir le cœur bien accroché. La gestion des Grands Project Industriels n'est pas enseignée dans les écoles en tant que telle. Il s'agit non seulement d'un sujet difficile en lui-même, mais c'est aussi un sujet pour lequel il existe bien peu de recherche académique. Les références en la matière n'existent pas vraiment, et les outils classiques de gestion de projets que l'on peut étudier dans les manuels n'effleurent même pas les bases de la façon de mener avec succès un Grand Project Industriel.

Cependant, des Grands Projets ont été réalisés par l'homme de tous temps ! Pour n'en citer que quelques uns: les pyramides égyptiennes, les cathédrales européennes ou encore les temples asiatiques ; ou bien plus proches de notre époque, le développement d'aéronefs et d'engins spatiaux ; ou encore le développement de champs pétroliers en eau profonde. Il est certainement permis d'admirer les résultats de ces entreprises présentes ou passées, mais évaluer et mesurer effectivement si leur réalisation fut couronnée de succès est bien plus difficile. L'utilisation de grandes troupes d'esclaves n'est plus une solution, ni d'ailleurs la promesse lointaine d'une récompense céleste ! Le retour sur investissement pour les propriétaires, la performance environnementale ou en matière de sécurité, la fiabilité technique sont quelques uns des critères à l'aune desquels la performance des projets est mesurée aujourd'hui – et qui sont visibles par tous. C'est pour cela qu'il faut des personnes suffisamment intrépides et un peu inconscientes pour prendre la responsabilité d'entreprendre ces projets, en plus d'être suffisamment compétentes et créatives.

Pourquoi donc n'existe-t-il pas de méthode communément acceptée pour gérer les Grands Projets Industriels ? Est-ce parce qu'un tel sujet ne se prête pas à la recherche académique ? Est-ce parce que les individus courageux qui se lancent dans l'aventure consistant à diriger des Grands Projets Industriels, et qui sont complètement dans l'action, ne perçoivent guère l'utilité d'une approche théorique ? Il nous faut espérer que ce manque de méthodes reconnues n'est pas seulement le reflet d'un taux de réussite extrêmement bas de ce type de projets, tel qu'il est mesuré pendant leur exécution... Mais peut-être est-ce seulement la conséquence du fait que cela requiert la prise en compte de trop de facettes différentes qui nécessitent d'examiner le sujet sous trop d'angles distincts. Dans les Grands Project Industriels, trois facteurs doivent être considérés simultanément : Savoir, Savoir-faire et Savoir-être, et leur interaction constante. Donc, qui devrait écrire avec autorité sur ce sujet ? Un ingénieur ? Un opérateur? Un psychologue? Jean-Pierre Capron est un peu tout cela et bien plus.

J'ai connu Jean-Pierre Capron lorsqu'il était administrateur de l'entreprise dont j'étais le directeur des opérations (COO). J'ai vite appris à redouter ses questions lors des conseils d'administration car elles étaient toujours, sans exception, exactement pointées sur les vrais sujets délicats, ceux pour lesquels je n'étais jamais certain d'avoir la bonne réponse. Lorsque l'on me demanda quelques années plus tard de reprendre une autre société en grande difficulté, dont l'activité était centrée sur les Grands Projets Industriels, la plupart en fort mauvaise posture, je proposai à Jean-Pierre Capron de m'aider à nettoyer la pagaille; et à mon grand étonnement, il accepta immédiatement. Voila un homme un peu fou, et surtout, courageux !

Jean-Pierre Capron a piloté de grandes organisations dans de multiples contextes, et tenu maintes positions de direction générale. Il a réussi cependant à conserver une rare capacité de focalisation sur ce qui est vraiment important en matière d'exécution, une appétence étonnante pour l'investigation de situations complexes et pour trouver les causes profondes des problèmes, et un enthousiasme communicatif pour diriger depuis la ligne de front l'application des solutions adéquates. C'est pour cela que ce Guide est un outil si intéressant : à cause de son auteur. Ce Guide contient une grande partie de l'expérience d'un homme qui non seulement comprend ce que représente un Grand Projet Industriel et comment on peut l'évaluer, mais qui en a aussi exécuté, en a sauvé un grand nombre, et a même transformé beaucoup de causes perdues en franc succès. Un fait encore plus parlant est que ceux qui ont eu l'opportunité de travailler avec lui et été parmi ses disciples continuent de réaliser des choses remarquables en se lançant dans des projets encore plus ambitieux. Il ne peut y avoir de meilleure référence.

Tom M. Ehret

Administrateur non exécutif de nombreuses sociétés parapétrolières ;

Conseiller auprès de Oak Tree Capital Management ;

Précédemment CEO de Acergy (maintenant Subsea7).

Paris
Juin 2012

Avant-Propos de l'Auteur

Ayant passé une bonne partie de ma vie professionnelle dans des entreprises ou des organismes chargés
de mener à bien des grands projets à caractère industriel, j'ai éprouvé, une fois l'âge de la retraite venu, le
besoin de réfléchir aux facteurs et aux circonstances
qui conduisent tantôt à la réussite tantôt à l'échec.

J'étais en effet tombé au hasard de mes lectures sur
un livre de Derek Wood, publié en 1975 et intitulé
« Project cancelled ». Dans cet ouvrage l'auteur passe
en revue les multiples programmes lancés puis aban-
donnés par l'industrie aéronautique britannique au
cours des années qui ont suivi la seconde guerre
mondiale. Il se dégage de cette lecture quelque peu
aride le sentiment qu'au final rien ne se révèle plus
dispendieux que de lâcher de brillants ingénieurs sur
des défis ambitieux sans avoir au préalable définis des
objectifs, fixé des échéances et des rendez-vous et mis
en place quelques garde-fous destinés à canaliser les
énergies exubérantes.

Mon expérience de terrain m'avait cependant convain-
cu qu'une approche trop exclusivement comptable et
bureaucratique stérilisait les talents et condamnait à
la médiocrité tant des ambitions que des résultats.

Peut-être faisais-je, comme Monsieur Jourdain, de la
prose sans m'en rendre compte, mais de fil en aiguille
j'en suis venu à me demander où se situe le juste milieu entre créativité et discipline et s'il était possible de
déduire de mon vécu professionnel en matière de conduite de projets quelques règles de bonne gestion, va-

lables sous toutes les latitudes et dans la plupart des métiers de l'industrie.

Ce petit livre est issu de cette réflexion et est destiné à tous ceux qui, à des titres divers, prennent la responsabilité de réalisations hors série, premières techniques par la taille ou la complexité. Ce sont les derniers aventuriers des temps modernes, ceux qui continuent à repousser les limites du monde connu et croient encore au progrès.

Il est aussi un hommage sincère et chaleureux à tous ceux — chefs de chantier, ingénieurs d'étude, contrôleurs de gestion, juristes de contrat ou chefs de projet — avec lesquels j'ai eu la chance d'œuvrer dans la réussite comme dans le doute et l'adversité. Qu'ils soient ici remerciés de leur persévérance, leur courage et leur intégrité.

Jean-Pierre Capron

Île-aux-Moines
Février 2012

Introduction

Il est d'usage de caractériser une entreprise par le secteur d'activité auquel elle appartient, c'est-à-dire par la nature des biens et services qu'elle fournit à l'économie. On parle ainsi d'industrie pétrolière, de construction automobile, de sidérurgie, de construction électrique, d'électronique, de télécommunications ou encore de BTP, de services informatiques ou financiers, etc.... En France, comme dans beaucoup de pays, la nomenclature statistique et l'édifice complexe des branches, des conventions collectives et des syndicats professionnels (qu'ils soient ouvriers ou patronaux) reposent sur une telle grille d'analyse.

Il existe cependant un point de vue différent, fondé non sur la nature des biens et services qu'élabore une entreprise mais sur les processus qu'elle met en œuvre pour créer la valeur ajoutée.

Depuis Adam Smith et sa manufacture d'épingles chacun sait que la division du travail est un des moteurs du progrès économique. Taylor, avec l'organisation scientifique du travail, Henry Ford, avec la standardisation et la chaîne de production, et enfin Toyota, avec le kaizen et la qualité totale, ont, l'un après l'autre, tiré toutes les conséquences de la parcellisation des tâches et mis au point le modèle universellement adopté aujourd'hui pour produire de façon répétitive des biens manufacturés en grande série et au meilleur coût.

Ceci étant l'économie ne se résume pas à la consommation de masse et la satisfaction de certains besoins relève d'une approche « sur mesure ». C'est le cas à chaque fois que les exigences d'un agent économique lui sont spécifiques et qu'il n'existe pas de réponse toute prête, disponible sur catalogue.

À titre d'exemples, citons pêle-mêle : le BTP, l'ingénierie, les ensembliers et fabricants de biens d'équipement industriel, l'implantation de grands systèmes logiciels, le développement de nouveaux produits, les campagnes de publicité ou de communication, la mise en scène d'un film ou d'une pièce de théâtre et, plus généralement, tout ce qui touche de près ou de loin à l'innovation technique et culturelle, autre moteur de la croissance... Dans tous ces domaines chaque commande d'un client est un projet en soi et nécessite une approche personnalisée.

Le but du présent ouvrage est de présenter quelques unes des règles à respecter et des techniques à mettre en œuvre dans la gestion d'un projet complexe, s'étalant sur plusieurs années et, le plus souvent, dans un contexte international. Il s'efforcera également d'identifier certaines précautions pratiques à prendre pour se prémunir contre les inévitables accidents de parcours ou en limiter l'impact.

Il traitera pour l'essentiel des grands projets d'investissement industriel car ce sont ceux qui sont familiers à l'auteur, mais bien des considérations qui seront développées à leur propos ont à l'évidence une portée plus générale.

Après une rapide présentation des différentes phases de la vie d'un projet, seront successivement abordées les têtes de chapitre suivantes :

- ❖ organisations à mettre en place tant au niveau de chaque projet qu'à celui de l'entreprise dans son ensemble,

- ❖ préparation des offres, établissement des devis et négociation des contrats,

✧ réalisation proprement dite, en mettant l'accent sur la planification des tâches à exécuter, sur les écueils et pièges à éviter, ainsi que sur la relation avec le client, les fournisseurs et les sous-traitants et, plus généralement, l'environnement local,

✧ clôture avec la levée des réserves, la période de garantie, l'obtention de la réception défi- nitive, la mainlevée des cautions et, le cas échéant, l'apurement de litiges commer- ciaux, fiscaux ou douaniers,

✧ contrôle de gestion, avec les revues d'affaires, les dépenses et engagements à date, la mesure de l'avancement, l'estimation du reste à engager et à dépen- ser, la gestion des provisions pour aléas et autres marges de sécurité.

Il n'existe pas de différence fondamentale entre le cas où le client est interne à l'entreprise et celui où il est extérieur. Les deux catégories relèvent pour l'essentiel des mêmes principes de bonne gestion. On doit toute- fois faire preuve d'une circonspection renforcée lors- que l'entreprise est son propre client. L'absence de contrat formalisé, juridiquement contraignant pour les parties, peut en effet conduire à une perte de repères et à une altération de la vigilance. C'est d'ailleurs la constatation de dérives systématiques de leurs projets d'investissement qui, entre autres raisons, a conduit la majorité des grandes entreprises industrielles à ex- ternaliser leurs départements de travaux neufs et à faire appel aux services d'ensembliers et d'ingénieries.

Les canons de la qualité totale ayant une portée uni- verselle, tout projet doit naturellement s'inscrire dans le triangle Qualité, Coût, Délai :

✧ Qualité, c'est-à-dire respect du cahier des charges du client et obtention des performances garanties, bonnes pratiques en matière d'hygiène, de sécurité et de protection de l'environnement, respect des différentes réglementations et législations applicables.

✧ Coût, c'est-à-dire respect des devis et budgets, recherche des solutions les plus efficaces pour le client.

✧ Délai, c'est-à-dire respect des échéances contractuelles, maîtrise des plannings et transparence sur les éventuels retards.

Une dernière précision avant d'entrer dans le vif du sujet. Même si on le déplore, l'anglais s'est désormais imposé comme la langue véhiculaire des projets internationaux, y compris lorsque les protagonistes sont des entreprises françaises. C'est pourquoi la règle adoptée tout au long de cet ouvrage consistera, même si la terminologie française (lorsqu'elle est adaptée) est privilégiée, à en signaler en italiques les équivalents anglo-saxons.

Les Principales Étapes du Déroulement d'un Projet

La vie des affaires n'est pas statique : l'économie croît, des marchés s'ouvrent ou se ferment, des technologies novatrices apparaissent. Les entreprises doivent s'adapter à cette dynamique et même l'anticiper, sous peine de se voir supplantées par des concurrents plus agiles. Pour cela elles développent de nouveaux produits, adaptent leurs capacités de production, redéploient leurs forces de vente... Bref prennent des options stratégiques pour lesquelles il n'existe qu'exceptionnellement des réponses toute faites.

Dans bien des cas la décision de lancer un projet engage l'avenir pour un certain temps ; par ailleurs les enjeux financiers peuvent être conséquents. Si la spontanéité créatrice et l'improvisation donnent parfois des résultats remarquables, mieux vaut en général se plier à quelques règles élémentaires de gouvernance avant le saut dans l'inconnu, et accepter de confronter ses intuitions fulgurantes à la critique de comités ou conseils qui ne sont pas toujours des empêcheurs de tourner en rond et dont, en toute hypothèse, l'approbation est requise. La réactivité de l'entreprise peut s'en trouver affectée mais on prévient ainsi bien des déboires ultérieurs.

L'avant-projet

La toute première étape d'un projet consiste dès lors à établir un avant-projet sommaire (APS) sur lequel s'engagent les promoteurs dudit projet et sur la base duquel sera sollicitée l'approbation des instances de décision compétentes.

Cet APS, que les anglo-saxons dénomment *basic engineering* ou *front end engineering (FEED)*, doit au minimum mettre à la disposition des décideurs :

❖ Un cahier des charges technique préliminaire, définissant les objectifs du projet, son contenu et les performances attendues.

❖ Un budget, ce qui comprend l'enveloppe financière à mobiliser pour mener l'opération à son terme mais également une évaluation du retour espéré[1].

❖ Un calendrier car la tenue des délais a, de façon constante, un impact déterminant sur la rentabilité.

Même s'il est en partie sous-traité à une ingénierie extérieure, l'APS nécessite à l'évidence une forte implication des forces internes de l'entreprise initiatrice du projet : c'est en effet la base du contrat moral qui sera passé entre le management et les organes décisionnaires.

---

[1] Le critère de rentabilité le plus robuste est le temps de retour, c'est-à-dire la durée nécessaire pour récupérer les sommes investies (*pay back* ou *pay out*). En règle générale, ce *pay back* n'excède pas deux à trois ans pour un industriel sérieux ; il arrive toutefois qu'un repositionnement stratégique ou une opération particulièrement importante impose de se projeter plus avant dans le temps, avec toutes les incertitudes inhérentes à une prévision à long terme.

Les principales étapes d'un projet

Une fois l'APS approuvé, l'entreprise maîtresse d'ouvrage doit mettre en place l'équipe qui, chez elle, sera responsable de la conduite du projet.

Dans le cas, le plus fréquent, où tout ou partie de la réalisation du projet est sous-traité à un ou plusieurs intervenants extérieurs, l'une des premières tâches de cette équipe consiste à lancer les consultations nécessaires à la sélection des sous-traitants puis à mettre en place les contrats correspondants.

Comme nous le verrons en détail par la suite, la nature de la relation entre donneur d'ordres et sous-traitant dépend de la forme contractuelle adoptée, les deux extrêmes étant, d'un côté, la régie et, de l'autre, le clés en main.

Une fois cette première étape franchie, l'exécution d'un projet passe par l'accomplissement d'une série de tâches soit par le maître d'ouvrage lui-même, soit par ses sous-traitants directs, selon le schéma contractuel choisi. Dans le cas d'un investissement (en anglais *capital expenditure* ou *CAPEX*) on citera, sans prétendre à l'exhaustivité :

❖ Les études : à partir de l'APS, il faut préparer les liasses de plans d'exécution et de nomenclatures nécessaires aux fournisseurs et sous-traitants de rang supérieur. On parle alors d'ingénierie de détail (*detail engineering*, par opposition à *basic engineering*).

❖ Les achats : de nombreux composants ou équipements doivent être achetés à l'extérieur. L'acte d'achat peut revêtir une grande complexité. C'est un processus qui commence avec la préparation et l'émission d'une réquisition et qui s'achève avec la réception des matériels et le règlement final, en passant par la consultation et la sélection des fournisseurs, la négociation des prix, des modalités de paiement et des clauses contractuelles, le suivi de la fabrication, la relance et l'inspection. Les anglo-saxons utilisent deux termes pour désigner cette chaîne qui mobilise des compétences multiples : *procurement* ou *supply chain management* (*SCM*), la seconde de ces dénominations ayant tendance à prendre le pas sur la première qui est plus datée.

❖ Le génie civil et le montage sur site : ces tâches sont presque toujours sous-traitées à des entreprises qu'on appelle générales, car il serait peu rationnel pour les maîtres d'œuvre, ensembliers et ingénieries généralistes de disposer en permanence de moyens de chantier mobilisables aux quatre coins de la planète. Le choix du génie civiliste et du monteur est crucial car une mauvaise maîtrise de cette phase du projet peut avoir des répercussions catastrophiques sur le planning et les coûts. C'est pourquoi il est indispensable de disposer en interne d'une équipe de spécialistes aguerris, capables de superviser la conduite d'un chantier, voire de se substituer à l'encadrement de l'entreprise générale en cas de défaillance de cette dernière.

❖ La mise en route et les essais de performance : cette dernière phase conditionne la réception provisoire puis définitive (à l'issue de la période de garantie), le transfert de propriété, ainsi que le règlement du dernier terme de paiement et la mainlevée des garanties ; elle comporte égale-

ment la levée des réserves, c'est-à-dire
l'élimination des non-conformités.

Les anglo-saxons parlent de *commissioning, performance trials, provisional* et *final acceptance,
taking over, final payment, punch list, nonconformities...*

L'importance des interfaces

De ce rapide survol émerge un constat capital : la vie
d'un projet est jalonnée de multiples interfaces:

❖ interface entre l'APS et l'ingénierie de détail,

❖ interface entre les plans d'exécution (*shop drawings*) et les spécifications correspondantes
d'une part, et les fournisseurs et sous-traitants
d'autre part,

❖ interface entre les fournisseurs et les transporteurs,

❖ interface entre les transporteurs et les entreprises en charge du génie civil et du montage,

❖ etc.

sans compter les interfaces entre le maître d'ouvrage
et ses maîtres d'œuvre ainsi que celles qui apparaissent à mesure qu'on va dans le détail des projets particuliers des différents acteurs impliqués dans le projet principal, qui s'emboîtent l'un dans l'autre à
l'image des poupées russes.

Pour compliquer encore les choses, le maître
d'ouvrage se fait parfois assister d'un maître d'ouvrage
délégué, ce qui crée des interfaces supplémentaires et
multiplie les interlocuteurs pour ceux qui sont en
charge de la conduite du projet sur le terrain.

Chaque interface constitue un passage de relais avec risques d'incompréhensions, de perte de traçabilité, de conflits d'intérêts voire de contentieux.

Une interface est en effet une frontière, c'est-à-dire un enjeu de pouvoir et, de façon latente, un lieu propice à l'expression des antagonismes. La nature humaine étant ce qu'elle est, il est inévitable qu'en cas de problème chacun cherche à dégager sa responsabilité en mettant en cause tantôt ceux qui l'ont précédé, tantôt ceux qui lui ont succédé dans l'enchaînement des tâches.

Une attention extrême doit donc être portée le plus en amont possible à l'identification des interfaces critiques et aux dispositions à prendre pour prévenir les dérapages car bien des catastrophes en matière de management de projet n'ont d'autre origine qu'une gestion défaillante des interfaces (cf. les circuits électriques de l'A380).

Où il est Question d'Organisation

Un sous-marin expérimental dont la coque est trop exiguë pour accueillir la chaudière nucléaire qui lui est destinée, une interversion du nord et du sud dans la transposition au delta du Nil de plans de génie civil extraits d'un dossier relatif à une réalisation précédente, des coopérations internationales placées sous le signe de la règle du juste retour qui aboutissent à la fusée Europa 2 ou à Superphénix... La liste des fiascos industriels et des grands projets avortés est longue. Et elle le serait plus encore si on y incluait les succès qui n'ont pu être obtenus qu'au prix d'un dépassement substantiel des budgets[1].

Les dangers du cloisonnement vertical et du centralisme bureaucratique

Les causes de ces échecs sont multiples, mais il en est une qui revient presque toujours : l'existence d'une organisation cloisonnée qui favorise l'éclosion de chapelles (les anglo-saxons parlent de *silos*) et entrave la circulation des idées et de l'information.

Comme les « articles de Paris », les doctrines en matière d'organisation des entreprises fluctuent au gré des caprices de la mode. Un observateur blasé avait

---

[1] Une des plaisanteries classiques lors des débuts de l'offshore en Mer du Nord consistait à parier sur le ratio entre le coût final et le budget initial d'un développement de gisement : π ou π au carré !

coutume de professer qu'il n'existe pas de bonne organisation et qu'il faut simplement veiller à en changer de temps à autre, ne serait-ce que pour perturber les plans de carrière et réveiller ceux qui se sont assoupis sur le mol oreiller de la routine !

Nous allons néanmoins tenter de convaincre le lecteur qu'il existe, en matière de conduite de projet, des formes d'organisation plus efficaces que d'autres, et ce non seulement au niveau du projet lui-même, mais aussi au niveau de l'ensemble de l'entreprise.

Nul ne conteste la nécessité de désigner un interlocuteur unique, point fixe auquel peuvent s'adresser tous les acteurs intervenant dans le déroulement d'un projet — clients, fournisseurs, partenaires, soustraitants — et en charge de leur coordination. Ce personnage est affublé de différents titres, qui vont du modeste « ingénieur d'affaire » jusqu'au ronflant « directeur de projet », en balayant toutes les nuances du spectre hiérarchique. Cette gradation sémantique n'est pas innocente car elle reflète souvent des conceptions radicalement opposées en matière d'organisation et de répartition des pouvoirs.

Partons de l'organigramme traditionnel d'une entreprise industrielle de production avec ses directions verticales en charge du commercial, de la technique (bureau d'études, usines, qualité, éventuellement travaux neufs), de la finance, des achats, du juridique et du personnel (ou « ressources humaines » si on veut faire chic). Tout projet y est traditionnellement découpé en une série de rondelles confiées aux différentes directions verticales :

❖ le commercial pour l'établissement des devis, la préparation des offres et la négociation avec les clients

❖ le bureau d'études pour l'ingénierie de détail

❖ le juridique pour la rédaction des contrats et la résolution des contentieux éventuels

❖ les achats pour tout ce qui concerne la sélection des fournisseurs et des sous-traitants et leur supervision

❖ le cas échéant, les usines lorsque que certains équipements sont fabriqués en interne

❖ la qualité pour les contrôles de conformité

❖ la finance pour tout ce qui touche aux encaissements, aux facturations, aux relations bancaires et au contrôle de gestion

❖ les ressources humaines, en combinaison avec les autres directions verticales, pour l'évaluation des performances des personnels et l'évolution de leurs rémunérations et de leurs avancements

Dans un tel schéma, chaque direction (ou département) est souveraine pour ce qui touche à l'écoulement de son plan de charge et au degré de priorité des urgences. Le chargé d'affaires est cantonné à un rôle de petit télégraphiste et de caisse enregistreuse. Il a certes le droit — et le devoir — de tirer le signal d'alarme s'il a le sentiment que les choses prennent mauvaise tournure. L'instinct de préservation commande toutefois de ne recourir à ce moyen ultime qu'avec circonspection. Malheur à celui qui en use à mauvais escient ou de façon prématurée : on l'accuse alors de céder à la panique[2] ou d'ouvrir un peu vite le parapluie !

---

[2] On a entendu certains chefs d'entreprise soucieux de repousser des échéances comptables pourtant inéluctables rappeler coram populo qu'alarme générale se traduit en italien par panica generale !

Une organisation de cette nature présente deux inconvénients majeurs :

❖ les interfaces, dont on a vu qu'elles constituent des zones de concentration des risques, sont multipliées ; à celles qui découlent de l'existence de partenaires extérieurs s'ajoutent celles qui sont artificiellement suscitées par la répartition du travail en interne

❖ la responsabilité, pourtant essentielle, du planning global reste le plus souvent orpheline, chaque intervenant se concentrant sur ses propres urgences et n'ayant qu'une visibilité limitée sur l'enchaînement des tâches incombant aux départements voisins

Circonstance aggravante, cet environnement est peu propice à l'éclosion de l'*affectio societatis*. Chacun a en effet tendance à voir midi à son clocher en privilégiant ce qu'il croit être les intérêts à long terme de son département ou de sa discipline plutôt que ceux, par nature éphémères, d'une affaire particulière. Il en résulte des appels incessants à la hiérarchie sommitale de l'entreprise pour arbitrer des désaccords techniques qui dégénèrent immanquablement en batailles d'ego. Non moins redoutables sont les postures de paix armée où les protagonistes s'accordent pour taire leurs dissensions jusqu'à l'explosion finale lorsque la gravité de la situation ne peut plus être dissimulée et qu'il est souvent bien tard pour corriger le tir.

Rien de tout ce qui précède ne surprendra ceux qui, par goût personnel ou par nécessité professionnelle, ont eu le loisir de méditer sur le phénomène bureaucratique et ses méfaits.

C'est d'ailleurs ce que constatait avec amertume dans son testament l'académicien soviétique V.A. Legassov, membre de la Commission d'État chargée de la gestion de la catastrophe de Tchernobyl, avant de se suicider deux ans jour pour jour après l'explosion de la centrale ukrainienne :

« J'aimerais vous faire part ici d'une conviction intime, même si mon opinion n'est guère partagée par mes collègues et va jusqu'à créer certaines frictions...Il ne faut plus qu'un seul « maître », qui soit en même temps le constructeur, l'auteur du projet et le responsable scientifique ; en d'autres termes, toute l'autorité et toute la responsabilité doivent relever d'un seul homme.»

Les trois réformes indispensables

Pour corriger ces désordres il faut mettre le projet au centre de l'entreprise, ce qui passe par trois réformes majeures.

En premier lieu, chaque projet dont l'entreprise a la charge doit être porté par une équipe intégrée rassemblant toutes les compétences nécessaires à sa réalisation. Cela va des ingénieurs et dessinateurs du bureau d'étude aux metteurs en route en passant par les acheteurs, les inspecteurs, les logisticiens, les métreurs et superviseurs de chantier (quantity surveyors en anglais). Cette équipe comprend aussi des planificateurs, des juristes de contrat, des spécialistes en matière de sécurité et de conditions de travail, des contrôleurs de gestion et des comptables chargés de suivre les dépenses et les recettes.

Tous ces personnels doivent être rassemblés sur un même site afin de constituer un plateau technique (ou, en langage imagé, « mis dans le même bocal »). Afin de faciliter le brassage des individualités et des idées il est bon que murs et cloisons soient sinon abolis du moins réduits au strict minimum et, chaque fois que c'est possible, que tout ce monde soit regroupé sur un niveau unique (curieusement, l'information se propage mal le long des escaliers ou des cages d'ascenseur).

Si la taille du projet le justifie, ces intervenants sont détachés à temps complet ; sinon ils le sont sur une base de temps partiel. Mais dans tous les cas, et c'est la deuxième réforme à imposer, ils sont soumis à l'autorité hiérarchique du chef de projet.

C'est ce dernier qui arrête l'ordre des priorités et détermine le plan de charge de chacun. Il dispose d'un veto sur l'affectation de personnel à son projet. Son avis est également déterminant pour ce qui touche à l'avancement et aux primes dont peuvent bénéficier les membres de son équipe.

De façon plus générale, il importe que le chef de projet soit investi de pouvoirs étendus dans la conduite de son projet. Nulle dépense ne peut lui être imputée sans son assentiment ; il doit notamment approuver les bordereaux d'attachement hebdomadaires des personnels qui lui sont affectés (*time sheets* en anglais). Il signe — ou contresigne[3] — toutes les commandes fournisseurs et tous les contrats de sous-traitance ; il

---

[3] Certaines décisions d'achat peuvent porter sur des montants importants et nécessiter de ce fait l'intervention des niveaux supérieurs de la hiérarchie. Par ailleurs il existe des fournisseurs auxquels sont passées des commandes répétitives et avec lesquels une approche globale procure un effet de levier. C'est pourquoi l'articulation entre le projet et la direction centrale des achats peut parfois s'écarter des principes généraux qui viennent d'être énoncés. Mais il importe que le bon sens et l'intérêt de l'entreprise prévalent dans tous les cas : le chef de projet doit être partie prenante au processus et adhérer pleinement à la décision prise.

approuve avant émission ou règlement toutes les factures qui seront portées au crédit ou au débit de l'affaire...

Enfin, et c'est la troisième réforme, le rôle des départements est redéfini. Ils perdent leur autorité sur la conduite des projets, mais demeurent responsables, pour leurs disciplines respectives, des recrutements, de la formation continue et du suivi des carrières à long terme. Il leur revient également de garantir qu'au sein des projets les opérations sont conduites avec professionnalisme et en conformité avec les standards de qualité.

Pour cela la curiosité des responsables de départements doit rester en éveil permanent : ils ne doivent pas hésiter à sortir de leur tour d'ivoire, à circuler dans les projets, à écouter ce qui s'y dit, à détecter d'éventuelles anomalies et à en alerter la hiérarchie du projet.

Les rôles sont ainsi inversés par rapport au schéma traditionnel : le chef de projet est désormais pleinement responsable de sa performance finale et ne peut plus invoquer l'excuse de la mauvaise coordination d'intervenants sur lesquels il n'a aucune autorité. Dans le même temps sont éliminées la plupart des interfaces d'origine interne qui sont à l'origine de non qualités dont le coût peut être considérable, même s'il n'est pas identifié en tant que tel dans la comptabilité traditionnelle de l'entreprise.

Comment surmonter l'opposition au changement

Opérer pareille mutation ne va pas de soi car il s'agit d'une remise en cause profonde d'habitudes et de rapports de pouvoirs qui se sont construits au fil du temps et font partie du socle de la culture de l'entreprise. Elle ne peut donc se décréter d'un simple claquement de doigts ou par note d'organisation tombant de l'étage de la direction générale comme les tables de la loi du sommet du Sinaï.

Pour obtenir l'adhésion de l'ensemble du corps social, il faut accepter d'effectuer un travail en profondeur, impliquant la hiérarchie comme les exécutants dans une démarche de qualité totale. Une entreprise est avant tout une collectivité humaine et il est bien rare qu'on ne puisse la mobiliser dès lors qu'on prend la peine d'expliquer ce qu'on veut obtenir et qu'on fait appel au professionnalisme de chacun et à son désir de mieux faire[4].

Il est fréquent qu'on cherche à faire l'économie de cette remise en question, toujours laborieuse et souvent frustrante pour l'encadrement, en se rabattant sur une organisation de type matriciel, compromis dans lequel les deux lignes hiérarchiques — projets et départements — se croisent. L'expérience de l'auteur est qu'en France[5] au moins, ce type d'organigramme

---

[4] Il existe bien sûr des cas exceptionnels où le désir de continuer à vivre ensemble une aventure collective s'est éteint et où les forces vives ne songent plus qu'à quitter le navire. C'est ce à quoi conduisent souvent les erreurs graves et répétées d'un management incompétent ou dépassé par les évènements. La seule issue est alors le Tribunal de Commerce.

[5] Est-ce une conséquence de notre système éducatif français, avec ses filières rigides et son absence de passerelles, qui habitue dès l'enfance à

fonctionne mal et aboutit à une dilution des responsabilités (le syndrome du caméléon sur un tissu écossais).

Le cas des équipementiers qui sont également devenus ensembliers mérite ici une mention spéciale. Il est en effet fréquent qu'ils laissent coexister dans une même entité juridique des activités de conception et de projet avec des activités de fabrication. Une telle situation est par nature malsaine car la pression sociale ambiante fait que le plan de charge de l'atelier ou de l'usine tend à prendre le pas sur toute autre considération.

Cela peut conduire à des choix techniques erronés. L'auteur de ces lignes évoquera un exemple qu'il a vécu personnellement. Il s'agissait d'une pièce critique, de grandes dimensions et soumise à des sollicitations à la fois intenses et répétées. L'atelier-maison ne disposait pas de forge mais était en revanche fort compétent en soudure. Il fut donc décidé fabriquer de ladite pièce par mécano-soudure d'éléments chaudronnés. Ce qui devait arriver arriva : après quelque mois de fonctionnement des machines incorporant cette pièce, on découvrit des ruptures à la fatigue le long des cordons de soudure. Il fallut remettre à niveau tout le parc installé avec, cette fois, des forgés usinés, achetés à l'extérieur et qui ont depuis donné toute satisfaction. L'ironie suprême de la chose fut qu'on constata, à cette occasion, que la réalisation en forgé était sensiblement moins onéreuse !

Cet épisode malheureux montre que les avantages de la séparation des pouvoirs ne se limite pas à l'organisation des États, mais que c'est aussi une des

---

vivre dans un univers unidimensionnel et rend allergique au travail en réseau ?

conditions à remplir pour que les décisions de *make or buy* soient prise avec un minimum d'objectivité.

Il n'en demeure pas moins que le passage d'une organisation intégrée à des relations de type client/fournisseur ne va pas de soi et nécessite quelques précautions. Un atelier et un bureau d'études habitués depuis des années à travailler ensemble secrètent des mécanismes informels de correction d'erreurs : lorsqu'il a un doute, le compagnon a le réflexe d'appeler le projeteur ou l'ingénieur d'étude pour vérifier la cote ou la tolérance. À partir du moment où ce lien se distend, l'atelier aura tendance à effectuer le travail demandé conformément aux plans sans se poser de question existentielle.

Il faut, comme toujours, savoir trouver un juste milieu, en alliant rigueur et pragmatisme.

De l'Élaboration des Offres Commerciales

Une fois le feu vert obtenu des instances supérieures, le maître d'ouvrage découpe son projet en lots (*work packages*) qui seront soit traités en interne soit confiés à des intervenants extérieurs.

Considérations susceptibles d'intervenir dans la définition des lots

Dans ce découpage interviennent des considérations multiples :

- ❖ il se peut tout d'abord que le maître d'ouvrage soit frappé du complexe du porte-avion au milieu du Pacifique et entende tout faire par lui-même parce qu'il n'a confiance en personne (ou parce qu'il a conservé un département Travaux Neufs surdimensionné)

- ❖ il est également possible qu'il soit soucieux de protéger ses secrets de fabrique ou de ne pas dévoiler sa stratégie commerciale de façon prématurée : cela a été longtemps le cas d'un grand fabricant de pneumatiques, c'est toujours celui de beaucoup d'industriels sur le point de lancer de nouveaux produits

- ❖ enfin la limite de fourniture de chaque lot constitue une interface à gérer par le maître d'ouvrage qui doit donc s'assurer qu'il dispose

bien des moyens techniques et humains lui permettant de faire face

L'intervention d'un maître d'ouvrage délégué, dont la mission est de pallier le manque d'expérience du maître d'ouvrage — ou de suppléer à une insuffisance des moyens qu'il est en mesure de mobiliser[1] — est également susceptible d'avoir une incidence sur ce découpage car la pente naturelle d'un consultant est parfois d'étendre son champ d'intervention en multipliant le nombre des interfaces placées sous sa responsabilité.

À titre d'illustration on trouvera ci-dessous quelques exemples de ce qui se pratique d'ordinaire pour quelques projets industriels caractéristiques, se situant dans la gamme du milliard de dollars ou plus.

❖ Développement de gisements d'hydrocarbures en offshore profond

Les trois principaux lots sont le forage des puits de production, le flotteur (*FPSO*, c'est-à-dire *Floating Production, Storage & Offloading*), et le réseau de collecte au fond des fluides et de leur remontée à la surface (*SURF*, c'est-à-dire *Subsea Umbilicals, Risers & Flow-lines*)

❖ Raffinerie de pétrole ou complexe pétrochimique

On distingue la fourniture du procédé (*process*) qui est souvent acquis auprès d'un bailleur de licence, les unités de traitement proprement dites, les utilités (c'est-à-dire la production

---

[1] L'industrie pétrolière reconnaît volontiers que la principale limitation au développement de nouveaux gisements est aujourd'hui la rareté des professionnels compétents en matière de conduite de grands projets (pour certains profils, le taux de personnels *freelance* peut atteindre 80%). Elle n'est pas seule à se trouver confrontée à cette nécessité de recourir massivement au mercenariat.

d'électricité, vapeur, air comprimé, eau déminéralisée, etc.) et les VRD (voierie et réseaux divers)

❖ Centrale électro-nucléaire

La majorité des électriciens découpent la centrale en trois lots principaux : îlot nucléaire (bâtiment réacteur et tout ce qu'il contient, c'est-à-dire cuve, générateurs de vapeur, engins de manutention du combustible, piscines...), îlot conventionnel (turbo-alternateur, condenseur...) et *BOP* (*balance of plant* c'est-à-dire littéralement reste de l'usine)

❖ Aluminerie (aluminum smelter)

Les industriels de l'aluminium primaire adoptent classiquement une subdivision en trois ateliers principaux : fabrication des anodes, électrolyse, centre de traitement des fumées, auxquels il convient bien sûr d'ajouter les utilités et les VRD

La distribution des rôles

Ce dégrossissage effectué, se posent les questions du « Qui fait quoi ? » et du « Comment le fait-on ? ».

Nous nous placerons désormais dans l'hypothèse où le maître d'ouvrage final a décidé de confier les différents lots qu'il a identifiés à des maîtres d'œuvre tiers (qui eux-mêmes ont la faculté de faire appel à des sous-traitants) et de ne conserver à son niveau qu'une équipe chargée du pilotage et de la supervision de l'ensemble du projet (l'équipe de maîtrise d'ouvrage). Chaque intervenant dans la chaîne des sous-traitances successives pouvant être appelé à jouer tantôt le rôle de maître d'œuvre tantôt celui de maître d'ouvrage, nous abandonnerons cette terminologie héritée du BTP pour nous rallier à celle de donneur d'ordre (*owner*, *client* ou *company* en anglais) et de contracteur[2], néologisme dérivé de l'anglais *contractor* qui recouvre aussi bien le fournisseur, l'ingénierie, le constructeur que l'entrepreneur. On évitera ainsi toute ambiguïté quant aux positions respectives des deux parties à un contrat.

Nombreux sont les paramètres qui interviennent dans les conventions qui régissent la relation entre donneur d'ordre et contracteur. Ils gouvernent autant la forme contractuelle adoptée que la méthode de détermination du prix. Tout est bien sûr affaire de contexte et de circonstances, mais les parties doivent attacher la plus grande attention aux points suivants :

❖ Degré de définition de l'objet du contrat

Il peut être parfaitement défini (cimenterie de tant de milliers de tonnes de clinker par jour par exemple), mais le donneur d'ordre peut aussi se trouver dans la situation où il est contraint de lancer son projet alors que certaines de ses caractéristiques techniques n'ont pas encore été figées ou qu'il subsiste des incertitudes sur les limites de fourniture (*scope of work*), la remise à niveau d'installations existantes (*revamping*) constituant un cas d'école extrême où l'on doit s'attendre à aller de (mauvaise) surprise en (mauvaise) surprise.

La formule du clés en mains pur et dur est adaptée au premier cas. Dans le second il fau-

---

[2] Le français dispose bien du terme « contractant », mais il n'est guère satisfaisant puisqu'il peut désigner l'une ou l'autre des parties à un contrat. C'est pourquoi on préférera l'anglicisme « contracteur ».

dra plus de flexibilité pour permettre au donneur d'ordres d'ajuster les choses en cours de route sans s'exposer à des réclamations exorbitantes de la part du contracteur.

❖ Répartition des interfaces

Nous avons déjà signalé que la question des interfaces est cruciale. Il est évident que le donneur d'ordre a tendance à transférer le maximum d'interfaces au contracteur, d'où la popularité des formules clés en main. Toutefois ce dernier serait bien imprudent d'accepter sans avoir soigneusement vérifié qu'il dispose bien des ressources et des compétences lui permettant d'assumer cette responsabilité[3].

❖ L'existence d'équipements propriétaires

Toute usine contient une grande quantité de tubes, de câbles, de charpentes et structures en béton ou en acier. Elle comprend également quelques équipements clés, spécifiques des procédés de fabrication mis en œuvre et dont le fonctionnement doit être irréprochable. Il est naturel que le donneur d'ordre de premier rang, qui sera plus tard l'exploitant, tienne à ce que le choix des fournisseurs de ces équipements ne soit pas effectué à la légère par le contracteur auquel il a sous-traité la réalisation du projet.

---

[3] L'une des décisions les plus difficiles à prendre pour un contracteur est de savoir décliner une affaire sur la bonne fin de laquelle il a des doutes. Les commerciaux sont d'un naturel optimiste et savent se montrer pressants (sinon ils ne feraient pas ce métier), mais le chef d'entreprise doit, lui, toujours avoir présent à l'esprit qu'un contrat calamiteux peut être mortel. Si on sait en général déterminer assez bien le coût d'une période de sous-activité, on se trompe toujours lourdement par défaut sur celui d'une prise de risque inconsidérée.

C'est pourquoi les contrats comportent très souvent des listes d'équipementiers agréés auxquelles il n'est pas possible de déroger sans approbation préalable du donneur d'ordre, listes qui parfois ne comprennent qu'un unique nom. Le lecteur pressentira sans peine que l'imposition d'un fournisseur place celui-ci en position de force vis-à-vis du contracteur lequel sera bien avisé de refuser de se trouver pris entre le marteau et l'enclume ! La solution consiste le plus souvent à ce que le donneur d'ordre, qui bénéficie d'un meilleur rapport de force, acquière l'équipement en question, à charge pour lui de le mettre à disposition du contracteur (au prix d'une interface supplémentaire !).

Il en va de même pour l'exécution de certains travaux exigeant des compétences hautement spécialisées.

Les anglo-saxons utilisent les termes de *nominated supplier* ou *subcontractor*.

❖ Les contraintes d'origine

Certains programmes internationaux doivent respecter des règles soit de juste retour, soit de part locale : les équilibres à respecter et les restrictions qui s'appliquent de ce fait au choix des fournisseurs, ou des entrepreneurs, auxquels il peut être fait appel, compliquent à l'évidence la vie du chef de projet.

Mais là n'est pas le plus grave : ces entorses à la rationalité industrielle, si elles font les délices des politiques et des diplomates, sont fréquemment à l'origine de graves déconvenues, qu'il s'agisse de la cohésion des équipes, de la maîtrise des budgets ou de la qualité même du résultat final. On a déjà eu l'occasion de mentionner la fusée Europa 2 et on n'aura pas la cruauté d'allonger la liste des échecs provoqués par les calculs à courte vue et les égoïsmes nationaux[4].

Ceci dit, le juste retour et les parts locales sont des réalités et les responsables des projets où existent de pareilles contraintes doivent s'en accommoder et, surtout, s'organiser de façon à contenir au mieux les risques qui en découlent.

Les grandes catégories de contrats

En matière de formules contractuelles les variations possibles sont infinies ; on peut toutefois distinguer trois grandes familles :

❖ Les contrats remboursables

Le donneur d'ordre rembourse, sur justificatif, le contracteur de toutes ses dépenses augmentées d'un coefficient de marge.

Cette formule est très souple car elle permet de faire évoluer le projet au gré des circonstances ce qui autorise une réalisation rapide puisqu'il n'est pas nécessaire d'attendre que tous les détails du cahier des charges soient figés avant de lancer les opérations. Elle est particulièrement adaptée aux prototypes pour lesquels il n'existe pas de précédent auquel se référer.

---

[4] L'avenir dira si ITER mérite de figurer à ce palmarès.

Elle est bien sûr très protectrice des intérêts du contracteur et présente en contrepartie quelques sérieux inconvénients pour le donneur d'ordre.

En premier lieu celui-ci est impliqué dans toutes les décisions : gestion des interfaces, choix des fournisseurs et des sous-traitants. Il ne peut en effet s'en désintéresser car c'est lui qui, à la fin des fins, paiera.

En second lieu, le contracteur n'est guère incité à l'économie — et c'est un euphémisme — puisqu'il perçoit un pourcentage sur chaque dépense.

Enfin, le contrôle des heures et des quantités mises en œuvre, s'agissant notamment des prestations qui sont effectuées en propre par le contracteur, peut donner lieu à contestations sans fin, sans parler d'éventuels soupçons sur la sincérité des facturations des fournisseurs et sous-traitants[5].

L'équipe de maîtrise d'ouvrage doit donc être gréée en conséquence et comprendre une armée de comptables, d'auditeurs et de vérificateurs de tous poils.

Il n'en demeure pas moins que c'est, à des variations près, la formule privilégiée aux Etats-Unis et dans beaucoup de pays anglo-saxons. Nous en donnerons plus bas une explication.

---

[5] La morale réprouve bien entendu la pratique consistant pour un contracteur à s'entendre avec un fournisseur sur le dos du donneur d'ordre, mais cela s'est vu... même dans l'univers anglo-saxon

❖ **Les contrats clés en main à prix forfaitaire**

Le contracteur se voit sous-traiter par le donneur d'ordre la réalisation d'un lot dans son intégralité, avec la responsabilité de fournir à la date dite la chose convenue, à un prix généralement forfaitaire (*lump sum price*). Il dispose en théorie d'une totale liberté en matière d'organisation et de choix des fournisseurs.

Pour le donneur d'ordre, cette formule présente un double avantage : d'une part son exposition financière est, en principe, circonscrite et d'autre part les interfaces à gérer sont réduites au strict minimum. En contrepartie, sauf à s'attirer des réclamations reconventionnelles de la part du contracteur, il doit avoir défini au préalable de façon extrêmement précise l'objet du contrat, mise au point qui demande le plus souvent des délais significatifs et retarde d'autant le moment où l'investissement projeté pourra être mis en service et commencer à procurer un retour.

Le clés en main forfaitaire place beaucoup de risques sur la tête du contracteur même aguerri, puisqu'il se substitue au maître d'œuvre en échange d'une marge qui, dans le meilleur des cas, est de l'ordre de 5 à 10% du prix forfaitaire, et qui, en cas de difficultés, devient vite très fortement négative au point de pouvoir provoquer la faillite de l'imprudent ou du malchanceux, et de placer le donneur d'ordre dans une situation pour le moins inconfortable.

C'est de cette perspective apocalyptique que découle la principale limitation du clés en main. Le donneur d'ordre subit en effet un préjudice tel, en cas de défaillance du contracteur, qu'il ne peut se désintéresser de la façon dont le projet est exécuté. C'est pourquoi il introduit dans le contrat toute une série de garde-fous destinés à lui permettre d'infléchir le cours des choses en cas d'évolution catastrophique.

Il prévoit tout d'abord des garanties bancaires lui permettant de récupérer les acomptes versés et de remédier au préjudice causé si les performances se révèlent non conformes ou si l'entrepreneur jette l'éponge.

Il exige généralement un droit de regard sur la désignation des principaux membres de l'équipe qui sera chargée de piloter le projet.

Il lie également les termes de paiement à la constatation *par lui* du degré d'avancement du projet ou du franchissement d'étapes significatives (*milestones*).

Enfin il soumet à son approbation préalable la sélection des fournisseurs qu'il considère critiques.

Ces précautions, pour utiles qu'elles soient, ne suffisent cependant pas à protéger complètement le donneur d'ordre. Le dommage que lui cause la mauvaise exécution d'un contrat — en termes de coûts et de délais additionnels — est toujours bien supérieur aux compensations qu'il peut obtenir en se retournant contre le contracteur.

❖ Les forfaits de service

Ainsi que nous l'avons déjà remarqué il existe une infinité de compromis entre les deux extrêmes que sont le remboursable et le clés en main.

Le plus répandu est le forfait de services qui consiste, pour le contracteur, à accepter une rémunération forfaitaire pour les prestations qu'il effectue en propre (généralement études et ingénierie) et à être remboursé — à prix coûtant ou avec une marge pour peines et soins — de ses débours pour les prestations (équipements et travaux) qu'il achète à des tiers.

Ce forfait de service peut être agrémenté de formules d'incitation ou de partage des économies réalisées par rapport à un budget initial. L'imagination des négociateurs est sans limite dans ce domaine mais l'expérience de l'auteur de ces lignes est que le mieux devient très vite l'ennemi du bien et que les formules les plus élaborées se retournent in fine contre leurs concepteurs.

Le contrat n'est pas tout

Le choix d'une formule contractuelle adaptée au contexte technique et économique d'un projet est essentiel mais ne suffit pas à en garantir le bon déroulement, même si l'on a coutume d'affirmer que le résultat d'un contrat est déterminé à 80% le jour de sa signature !

L'ingrédient capital est l'existence d'une volonté commune, du côté de l'équipe du donneur d'ordre comme de celle du contracteur, de donner à la bonne fin du projet la priorité sur toute autre considération. Rien n'est pire[6] que d'avoir deux équipes se regardant en chien de faïence, utilisant toutes les finesses du con-

---

[6] L'amateur des œuvres d'Hergé se rapportera utilement aux dernières planches de l'Oreille Cassée

trat pour faire prévaloir leurs egos respectifs, sans grand souci de l'intérêt supérieur de leurs mandants.

L'éclosion de cette alchimie délicate suppose que toute une série de conditions soit réunie : professionnalisme de part et d'autre, estime et confiance réciproques, implication des hiérarchies, implantation des équipes sur un même site pour n'en citer que quelques unes. Toutes les formes contractuelles ne sont pas équivalentes. Le clés en main peut s'avérer destructeur si les contours du projet sont définis de façon imparfaite ou si la hiérarchie n'a pas le courage d'arbitrer les conflits avant qu'ils ne dégénèrent : chacun est alors tenté de s'arc-bouter sur la lettre du contrat, ce qui se traduit par des blocages et des retards qui décalent d'autant la mise en production (alors que l'élaboration du cahier des charges a déjà demandé beaucoup de temps).

L'auteur a ainsi été impliqué dans deux projets d'alumineries, de tailles identiques et lancés, par deux groupes concurrents, de façon à peu près simultanée. Le premier était situé dans un pays d'Afrique, sortant d'une longue guerre civile et dépourvu des infrastructures les plus élémentaires, le second dans un pays industriel du Nord doté de toutes les facilités de transport et de communication. Dans les deux cas le délai prévu pour la réalisation était de l'ordre de vingt-quatre mois ; les dispositifs contractuels, les budgets initiaux ainsi que les caractéristiques techniques, notamment en matière de protection de l'environnement, étaient équivalents.

Contre toutes attentes l'aluminerie africaine a démarré un ou deux mois en avance sur son planning tout en respectant le budget qui lui avait été alloué et a commencé à produire à un moment où les cours de l'aluminium s'envolaient, alors que l'autre usine n'a été terminée que deux ans plus tard, au prix d'un dépassement de budget substantiel, alors que le cycle se retournait...

Ce sont la capacité d'écoute et l'approche constructive de l'équipe de projet du premier donneur d'ordre, opposées au juridisme tatillon de la seconde, qui ont fait toute la différence.

La faveur dont bénéficient les formules de type remboursable outre-Atlantique s'explique probablement par le fait que les donneurs d'ordre y considèrent qu'ils ont plus à gagner en adoptant un cadre contractuel qui favorise les approches coopératives qu'en reportant tous les risques sur le contracteur et en contraignant ce dernier à adopter d'emblée une posture défensive. Cela a certes un coût en termes d'encadrement et de suivi des travaux au jour le jour, mais ce coût pèse peu en regard de la catastrophe économique qu'est un projet dont l'accouchement est laborieux.

Dans le même ordre d'idées, il fut un temps où, lorsqu'on signait un contrat avec un client chinois, celui-ci vous glissait, alors que l'encre était à peine sèche, une remarque dans le genre : « oublions ce document ; pour ma part je le range au fond d'un tiroir dont je n'ai pas l'intention de l'extraire sauf si les choses devaient vraiment tourner au vinaigre entre nous... ». Il arrive que la sagesse orientale rejoigne le pragmatisme du businessman.

L'ingénierie simultanée

Mentionnons ici le modèle original souvent adopté par les industriels de l'automobile ou de l'aéronautique pour le développement et l'industrialisation de leurs nouveaux modèles.

Une automobile ou un avion sont des machines montées en série à partir de milliers de composants fournis pour la plupart par des équipementiers extérieurs. L'enfantement d'un nouveau modèle s'apparente donc à l'assemblage d'un puzzle géant dont les pièces sont conçues et façonnées par une ribambelle d'intervenants qui n'ont a priori aucune raison de s'accorder.

L'approche séquentielle qui consiste à définir au préalable le produit, puis à établir des cahiers des charges détaillés et seulement ensuite à lancer des appels d'offres est très consommatrice en temps[7]. L'accélération du rythme de renouvellement des catalogues, imposé par le marché et le progrès technique, a contraint les industriels de ces secteurs à recourir à l'ingénierie simultanée (*simultaneous engineering*).

L'ingénierie simultanée consiste à sélectionner les partenaires qui seront associés à la conception, l'industrialisation, puis la fabrication du nouvel objet très en amont du processus de développement, le plus souvent sur la base d'un concours d'idées. La R&D et les mises au point techniques se font en commun,

---

[7] On considérait jusqu'au milieu des années 80 qu'il fallait cinq à sept années pour développer un nouveau véhicule. Ce sont les constructeurs japonais qui ont démontré qu'on pouvait ramener ce délai à trois ou quatre ans à condition de remettre en cause le processus traditionnel de développement. Les occidentaux n'ont alors eu d'autre alternative que de suivre le mouvement ou disparaître (voir *The machine that changed the world* de James Womack, Daniel Jones et Daniel Roos)

dans le cadre d'un contrat de régie (*pay as you go*), et ce n'est que lorsque les spécifications et prestations détaillées ont pu être définies que les choses sont formalisées sur la base de prix forfaitaires ou de prix objectifs, parfois après appel à la concurrence.

Cette façon d'opérer évite bien des allers et retours, élimine la plupart des temps morts, instaure la transparence et, surtout, induit un fort patriotisme de projet chez tous les acteurs (sans pour autant tomber dans la connivence). Elle minimise également les risques de part et d'autre tout en maintenant une nécessaire incitation à bien faire. En un mot, elle est efficace, tout angélisme mis à part.

Et pourtant...

En dépit de leurs avantages démontrés, nombreux sont les donneurs d'ordre qui éprouvent des réticences à l'égard de ces approches coopératives et mettent en avant des considérations de gouvernance pour imposer un rapport classique de dominant à dominé.

L'un des grands principes de la gouvernance, telle qu'on la conçoit aujourd'hui et telle qu'elle est gravée dans le marbre des codes d'éthique et des recueils de principes comptables, est en effet que toute relation qui n'est pas *at arm's length*[8] est d'emblée entachée de suspicion. Il en résulte que le clés en main à prix forfaitaire est souvent considéré comme politiquement plus correct pour réaliser un investissement d'une

---

[8] Ce terme fait référence aux conditions que procurerait une mise en concurrence. Une relation *at arm's length* implique que soit maintenue une distance adéquate entre les parties. Un bon équivalent en français de l'homme de la rue pourrait être « à bout de gaffe ».

certaine importance, même si c'est au détriment de la rapidité d'exécution[9].

C'est la raison pour laquelle le prochain chapitre sera consacré à la mise au point des contrats clés en main.

Il convient cependant, avant de tourner la page, de dire un mot des projets à fort contenu politique.

Il est en effet d'usage que les visites dites d'État dans le langage diplomatique s'accompagnent de l'annonce de contrats mirifiques permettant aux parties invitantes et invitées de se congratuler sur l'amitié entre les peuples, les coopérations mutuellement équilibrées ou encore les partenariats entre égaux (le choix de la terminologie dépend des régimes politiques en place). Même si ce type d'opérations destinées à jeter de la poudre aux yeux de populations crédules ou embrigadées tend à se raréfier depuis la fin de la guerre froide, il subsiste des secteurs industriels où elles ont encore cours, généralement parce qu'ils relèvent de prérogatives régaliennes (on citera à titre d'exemple l'armement, l'énergie, les grandes infrastructures de transport...).

Le contracteur avisé se méfiera comme de la peste de ce type d'affaire car elles sont généralement conclues sous la contrainte (les politiques sont des gens pressés et ne s'embarrassent pas de l'intendance pourvu que le communiqué sorte en temps et en heure). Il est rare que le client final adhère sans réserve aux termes du contrat pour lequel on lui a tordu le bras ; on doit donc s'attendre à ce que, lorsque chefs d'état ou ministres ont tourné le dos, il ait recours à tous les subterfuges lui permettant de prendre une revanche. La

---

[9] Certains poussent le scrupule jusqu'à exclure de leurs appels d'offres les entreprises ayant participé à l'APS, se privant ainsi d'un précieux acquis.

vengeance est, on ne saurait trop le rappeler, un plat qui se mange froid.

De la Négociation des Contrats Clés en Main à Prix Forfaitaire

Comme tout contrat, un contrat clés en mains constitue un équilibre entre des droits et obligations d'une part et un prix, forfaitaire en l'occurrence, de l'autre. Ces deux volets sont indissociables et interagissent en permanence.

Ce point ne doit jamais être perdu de vue car tout le jeu de la négociation entre les parties consistera précisément à tenter de faire évoluer l'un en prétendant maintenir l'autre inchangé.

D'ordinaire le dispositif contractuel d'ensemble (y compris un calendrier prévisionnel) est posé au départ par le donneur d'ordre[1] lorsqu'il établit le dossier de préqualification ou d'appel d'offres remis aux contracteurs considérés comme capables d'assumer le projet.

C'est sur cette base que chaque concurrent remet une offre.

---

[1] Certains donneurs d'ordre imposent des contrats-cadre (*frame agreements*) qui s'apparentent en fait à des conditions générales d'achat. Leur mise au point peut s'avérer laborieuse, mais ils permettent de gagner beaucoup de temps dès lors qu'ils ont fait l'objet d'un consensus avec les contracteurs.

L'élaboration des offres commerciales

La préparation et la négociation d'une proposition commerciale d'une certaine importance constituent un projet en soi auquel tous les principes d'organisation identifiés aux chapitres précédents (existence d'une équipe dédiée notamment) sont applicables. De plus il est absolument essentiel que chaque offre, avant d'être remise au client c'est-à-dire avant de devenir engageante, soit revue par un comité des risques dans lequel sont impliqués les niveaux supérieurs de la hiérarchie. Ce comité, qui est une émanation de la direction générale de l'entreprise et fonctionne dans le cadre des délégations dont elle dispose, statue en particulier sur toutes les déviations aux clauses contractuelles standard (*contracting principles*).

La première validation à effectuer porte sur le calendrier contractuel envisagé par le client. S'il n'est pas tenable il est inutile de passer beaucoup plus de temps sur l'affaire. Il en va de même si l'équipe qui sera en charge du projet n'est pas disponible[2].

Nous supposerons dans ce qui suit que ces deux préalables sont satisfaits.

De toutes les tâches accomplies par une équipe de proposition, l'élaboration du devis est sans conteste celle qui semble la plus mystérieuse au profane. Elle consiste en effet à évaluer à quelques pourcents près

---

[2] À l'époque de la marine à voile, les navires capturés au combat étaient confiés à des équipages de prise chargés de les conduire dans des ports alliés ou neutres pour les y vendre. Le commandant qui n'avait pas (ou plus) suffisamment d'hommes pour former un équipage de prise n'avait d'autre ressource que de mettre le feu à son trophée... et perdre sa part des dépouilles !

ce que coûtera le projet. Une imprudence et la marge attendue s'évanouit... ou pire ; un excès de précaution et l'affaire ira à la concurrence.

La fiabilité de ses devis est sans doute le principal des facteurs de succès d'un contracteur. Ce savoir-faire est détenu par quelques spécialistes — le plus souvent d'anciens contrôleurs de gestion blanchis sous le harnois — et se transmet par tradition orale. L'informatique et les tableurs permettent certes d'automatiser les étapes répétitives du processus, mais le cœur du métier réside toujours dans le petit carnet noir de l'estimateur.

L'une des premières vérifications que doit effectuer un dirigeant arrivant de l'extérieur[3] est de s'assurer par lui-même de la qualité de son équipe d'estimateurs. Si les affaires récentes dont il hérite ont été exécutées conformément à la fiche de prix sur la base desquelles elles ont été vendues, il lui suffira de décliner tout projet dont la marge semblera insuffisante. Si tel n'est pas le cas, il doit s'attendre à vivre des jours difficiles et à faire preuve d'une vigilance de tous les instants.

Élaborer un devis fait appel à l'expérience accumulée au fil d'affaires similaires, à une bonne appréhension de la conjoncture sur les marchés des biens intermédiaires et aussi au bon sens et au jugement des estimateurs. Il n'y a pas de raccourci ou de recette miracle : après avoir découpé les prestations à fournir en lots élémentaires, il faut bâtir un prix de revient direct à partir des quantités à mettre en œuvre et de leurs coûts unitaires. Il convient ensuite ajouter au total obtenu diverses marges pour couvrir les aléas et les

---

[3] Ce qui est généralement le cas lorsque l'entreprise en question a essuyé des pertes et que l'actionnaire se résout à reprendre les choses en main en changeant le management.

imprévus, d'éventuels frais financiers et les frais généraux de l'entreprise (y compris le coût des propositions commerciales[4]). On arrive ainsi au prix de revient complet estimé de l'affaire auquel la direction générale applique, avant remise au client, un coefficient correspondant à la contribution attendue au résultat de l'entreprise. Ce coefficient comprend parfois une marge de négociation, coup de chapeau à l'adresse des commerciaux.

Quoi qu'il en soit, le management doit rester inflexible sur un principe cardinal : une affaire ne doit jamais être vendue en dessous de son prix de revient complet. Le projet soit disant stratégique, qu'on peut prendre à perte parce qu'on aura ouvert un marché et qu'on se rattrapera sur les affaires suivantes, est une illusion funeste : le prix qu'on aura accepté en premier lieu servira de référence pour le futur ; en outre on sous-estime toujours la capacité de progrès de ses concurrents.

Circonstance aggravante, exécuter un contrat pris à perte est peu motivant pour une équipe de projet. Le fatalisme s'installe rapidement et, en cas de difficulté, l'excuse du péché originel est toute trouvée. Telle est du moins l'expérience constante de l'auteur.

---

[4] Les usages veulent que la préparation d'une proposition commerciale fasse partie des risques assumés par les candidats. Comme il n'est pas exceptionnel que le budget à prévoir pour l'établissement d'une offre dépasse 1% du coût total prévu pour le projet, la dispersion devient rapidement dispendieuse et il est hors de question de laisser les commerciaux courir tous les lièvres qu'ils ont levés.

Comment porter un jugement sur un devis

Se forger une opinion sur la justesse d'un devis n'est pas chose aisée pour un comité des risques, car le temps manque pour entrer dans le détail de la mécanique complexe de l'empilage des coûts, frais et provisions. Des coups de sonde sur quelques rubriques permettent cependant de se faire une idée.

❖ Le *buy-out*

Les postes achats et sous-traitance pèsent lourd dans un devis : de 50% à 70%, parfois plus ! C'est une conséquence de la spécialisation croissante des entreprises sur leur cœur de métier.

Un entrepreneur ayant un tant soit peu de bouteille est capable de préparer des métrés et des quantitatifs fiables. En revanche la détermination des prix unitaires est plus incertaine. Il existe certes des références : l'expérience acquise sur des affaires antérieures ou les conditions en vigueur sur le marché pour les commodités de base (m³ de béton, tonne d'acier, mètre linéaire de canalisation, etc.). La consultation informelle de quelques fournisseurs permet en cas de besoin de valider ces estimations (on parle alors de prix affermis).

Il n'en demeure pas moins que subsistent deux incertitudes majeures : d'une part on peut espérer de la mise en concurrence qu'elle contraigne les fournisseurs ou entrepreneurs à baisser leurs prix, d'autre part les consultations et les commandes n'interviendront pas avant plusieurs mois, voire plusieurs années et rien ne garantit que le climat général des affaires ne se sera pas modifié entre temps.

L'estimateur doit donc faire appel à son jugement pour tenir compte de ces deux facteurs. Le coefficient d'accrétion ou de réfaction (*buy-out*) peut être tout à fait significatif. Il n'est pas rare de constater des écarts de 15 à 20% entre la première cotation d'un fournisseur et son prix final négocié. Ces écarts sont normalement à la baisse, mais on n'est pas à l'abri de surprises désagréables lorsque les marchés se tendent.

Le management est donc fondé à cuisiner les estimateurs sur les hypothèses de *buy-out* qu'ils ont retenues et, le cas échéant, ne pas hésiter à les corriger quand il a une appréciation différente de l'évolution de la conjoncture (ou des conditions locales).

❖ Les travaux inclus dans le forfait

Nous avons déjà signalé que le clés en main n'était pas adapté aux *revampings* d'unités existantes en raison des incertitudes qui affectent l'état réel de l'existant.

Il existe aussi au sein d'un contrat clés en main des tâches qui, en raison de leur complexité ou de leur caractère expérimental, ne peuvent être incluses dans un forfait de prix et doivent être rémunérées au temps passé. On citera à titre d'illustration certaines soudures spéciales ou les opérations de raccordement (*hook-up*).

Il est crucial que le management vérifie que le forfait de prix ne porte bien que sur des opérations pour lesquelles l'entreprise dispose d'une maîtrise avérée.

❖ Les provisions pour risques (*contingencies*)

La réalisation d'un projet étant toujours entachée d'aléas la prudence commande d'ajouter au prix de revient direct une provision destinée à couvrir les accidents de parcours. La détermination du montant de cette provision doit être l'occasion d'un exercice d'identification des risques susceptibles d'affecter le projet et d'analyse des coûts qu'entraînerait leur matérialisation. Pour cela on est conduit à bâtir des scénarios alternatifs et à imaginer une véritable défense en profondeur, pouvant d'ailleurs déboucher sur la contestation de certaines des clauses contractuelles édictées par le donneur d'ordre (qui sont alors « qualifiées »).

Il existe maintenant des logiciels, fondés sur la méthode de Monte-Carlo, qui permettent, par tirage au sort à partir de probabilités subjectives, de combiner de multiples façons les risques recensés et de calculer des montants à provisionner assortis d'intervalles de confiance. Tout cela est bel et bon, mais il ne faut jamais oublier qu'il ne sort de ce type de modèle que ce qu'on y a entré et que la phase essentielle de l'exercice est celle de l'identification des risques, lesquels doivent être consignés dans un registre qui sera tenu à jour et actualisé tout au long de la phase de réalisation.

Comme le constatera le lecteur on est bien éloigné de la pratique traditionnelle qui consiste à inclure à l'estime dans le devis une marge de 5 ou 10% à titre de précaution.

Les provisions pour risques ne doivent pas être confondues avec les provisions pour imprévus (*allowances*). Celles-ci sont destinées à faire face à de possibles oublis dans l'établissement du prix de revient direct et sont incluses dans les budgets alloués à chaque lot. Nous verrons que ces deux catégories de provisions font l'objet d'une gestion différenciée pendant la phase de réalisation.

❖ La volatilité des taux de change

Dans l'économie globalisée du XXIème siècle tous les projets d'une certaine importance sont multi-devises et, par conséquent, exposés à la volatilité des marchés des changes.

Le métier d'une équipe de projet est d'exécuter au mieux un contrat et non de spéculer sur les monnaies (même si, par ailleurs, la direction de l'entreprise peut faire appel à des traders pour gérer sa trésorerie). C'est pourquoi il est de bonne pratique d'immuniser les projets contre les fluctuations monétaires en mettant en place des couvertures (*hedging*) dont l'effet est de figer les taux de change applicables au projet pour sa durée.

Ces couvertures sont prises de façon ferme au moment de la mise en vigueur du contrat, mais il est indispensable que le dispositif en soit défini dès le stade de la proposition car il est fonction des entités contractantes et de leurs devises fonctionnelles ainsi que nous l'expliquerons plus en détail lorsque nous aborderons le contrôle de gestion des projets.

Reste la période qui s'écoule entre la remise de l'offre au client et la mise en vigueur, pendant laquelle le contracteur est en risque mais ne peut s'engager sur des couvertures fermes car il n'est pas assuré d'emporter, ou de réaliser, l'affaire. Il peut certes avoir recours à des options de change, mais c'est un outil fort dispendieux. Mieux vaut contourner l'obstacle en précisant, lors de la remise de l'offre, les parités monétaires sur lesquelles est fondé le prix et en stipulant que celui-ci sera actualisé au moment de la mise en vigueur, ou encore en se ménageant des couvertures naturelles (*natural hedging*), c'est-à-dire en faisant coïncider autant que faire se peut le panier de devises des dépenses avec celui des recettes.

❖ Fiscalité

Même si les projets ne sont pas des entités soumises en tant que telles à l'impôt, il est indispensable de déterminer dès le moment de l'offre l'impact qu'aura le projet sur la charge fiscale des différentes entités impliquées dans sa réalisation[5]. Celle-ci peut varier dans des proportions considérables selon le schéma juridique retenu ; il importe donc de le définir très en amont et de s'assurer qu'il est cohérent avec celui que le client a l'intention de mettre en œuvre de son côté.

---

[5] L'équipe de projet ou de proposition ne doit jamais oublier que, vis-à-vis de l'extérieur, le projet s'incarne dans des entités juridiques qui, elles seules, disposent de la personnalité comptable et ont pouvoir de contracter. Il importe donc de mettre en place le dispositif correspondant de délégations de pouvoirs et de le respecter scrupuleusement.

La négociation des clauses contractuelles

La discussion pied à pied, ligne à ligne, du texte d'un contrat demande concentration et persévérance. On aurait grand tort de considérer que c'est perdre son âme (et son temps) que d'ergoter sur des dispositions destinées à ne jouer que dans des circonstances des plus improbables et exprimées dans un langage abscons : une fois signé un contrat devient la loi entre les parties et malheur alors à celui qui, par étourderie, négligence ou paresse, se sera laissé imposer une clause qui lui est par trop défavorable.

Le management doit donc opposer une sourde oreille aux commerciaux lorsqu'ils se plaignent de la pusillanimité des juristes et, au contraire, veiller à ce que tous les points litigieux soient dûment qualifiés et discutés avec le client et le devis ajusté en conséquence.

Le lecteur intéressé par les questions juridiques pourra se reporter à une somme rédigée par Joseph A. Huse, publiée par Sweet & Maxwell et intitulée « *Understanding and negociating turnkey contracts* », dans laquelle sont passées en revue les clauses et conditions figurant habituellement dans un contrat clés en mains. Nous nous bornerons ici à signaler celles auxquelles il convient de prêter une attention redoublée en raison des pièges qu'elles peuvent comporter.

❖ Mise en vigueur (*coming into force*)

Ce n'est pas parce qu'un contrat est signé qu'il sera forcément exécuté. Encore faut-il qu'il soit mis en vigueur.

C'est rarement une simple formalité car il est nécessaire, la plupart du temps, que toute une série de conditions soit satisfaite : paiement de l'acompte (*down payment*), mise en place de garanties diverses, accomplissement de formalités administratives, confirmation de financements, obtention d'autorisations ou d'approbations...

Le contracteur doit veiller à ne pas dépendre du seul bon vouloir du donneur d'ordre, mais force est de constater qu'il est généralement en position de faiblesse. Il peut certes demander à être indemnisé si la mise en vigueur tarde par trop mais, à en juger par l'expérience de l'auteur, une telle requête n'a que peu de chances de recevoir un accueil favorable !

❖ Cautions bancaires et garanties financières :

Les contrats clés en main sont généralement surfinancés : acompte de 5 à 10% du montant du contrat à la mise en vigueur, termes de paiement à l'avancement ou au franchissement de *milestones*. Même si le donneur d'ordre conserve par devers lui une retenue de garantie de 5 à 10% jusqu'à la réception définitive des installations (*retention money*), il est tout au long de l'affaire dans la situation d'un bailleur de fonds et peut légitimement désirer sécuriser les avances de trésorerie qu'il consent au contracteur.

Tel est le but des garanties financières ou cautions bancaires que ce dernier doit mettre en place :

Caution de soumission (*bid bond*) : elle accompagne la remise de l'offre et est destinée à attester du caractère engageant de celle-ci

Caution de restitution d'acompte (*advance money guarantee*) : il ne s'agit pas d'éliminer les contracteurs peu scrupuleux qui seraient tentés de s'évanouir dans la nature une fois une fois empoché l'acompte, mais plutôt de se protéger en cas d'incapacité ou de dépôt de bilan.

Caution de performance (*performance bond*) : son objet est de disposer d'un recours ou d'un moyen de pression si le contracteur est défaillant ou s'affranchit d'une ou plusieurs obligations contractuelles. Il est fréquent que la caution de restitution d'acompte se transforme en caution de performance à mesure de l'avancement de l'affaire, mais ce n'est pas une règle absolue.

Caution de garantie (*retention bond*) : elle est émise par le contracteur en échange du paiement anticipé de la retenue de garantie.

Les cautions sont autonomes du contrat auquel elles se rapportent. En cas de tirage jugé abusif, c'est sur la base de leurs seuls libellés que se prononceront les juges du litige sans prendre en considération les conditions d'exécution du contrat principal. C'est pourquoi un contracteur aguerri accordera la plus grande attention à la rédaction des modèles annexés au projet de contrat qui lui est proposé. Il résistera autant qu'il le peut à tout appel à première demande et essayera d'obtenir que le tirage ne soit possible qu'après mise en demeure et démonstration par le donneur d'ordre de la mauvaise volonté persistante du contracteur.

Il faut ajouter que les banques garantes sont avant tout soucieuses de la réputation de leur signature et sont très réticentes à se départir d'une neutralité de bon aloi en cas de tirage jugé abusif.

Les cautions sont normalement restituées lorsqu'elles n'ont plus lieu d'être, par exemple lorsque la réception définitive a été prononcée. Dans certains pays ou avec certains donneurs d'ordre, l'obtention de ces mainlevées peut s'avérer laborieuse[6] ; c'est pourquoi il est de bonne pratique de ne mettre en place que des garanties auto-extinguibles, c'est-à-dire devenant automatiquement caduques sans que la banque émettrice ou le bénéficiaire aient à intervenir.

Il arrive aussi que le donneur d'ordre, jugeant que le contracteur est fragile ou sa surface financière insuffisante, exige soit une garantie de sa maison-mère (lorsqu'il en existe une) soit le nantissement d'actifs indispensables à l'exécution du contrat. Bien fol qui y consent car pareille demande ne présage rien de bon quant à la fin de l'histoire.

❖ Variations (*variations, changes, change orders*)

Le déroulement d'un projet est toujours émaillé d'incidents et d'imprévus qui peuvent conduire à en ajuster, chemin faisant, les contours. C'est pourquoi le donneur d'ordre se réserve, par une clause dite de variation, le droit d'imposer au contracteur des travaux en plus ou en moins.

---

[6] Ce sont des mœurs de voyou, mais les banques locales continuent ainsi de percevoir pendant plusieurs années leurs commissions d'engagement et les donneurs d'ordre disposent d'un moyen de pression bien commode pour obtenir du contracteur des prestations complémentaires, parfois alors que le projet est achevé depuis belle lurette.

Il s'agit en fait d'un avenant au contrat initial à l'initiative du donneur d'ordre et, un contrat étant un accord sur le prix et sur la chose, une variation ne devrait devenir exécutoire qu'après que les parties se soient entendues sur la façon dont le prix du contrat sera ajusté.

Les clauses de variation prévoient couramment qu'une fois notifiées les modifications que le donneur d'ordre souhaite apporter à l'objet du contrat, le contracteur en chiffre l'impact sur la base d'un bordereau de prix unitaires figurant dans une annexe au contrat.

Il faut bien reconnaître que cette vision irénique ne correspond pas toujours aux rudes réalités de la vie industrielle et que le donneur d'ordre demandeur d'une variation se place à la merci d'un contracteur qui adopterait un comportement dilatoire.

C'est la raison pour laquelle certains contrats clés en main prévoient que le donneur d'ordre peut donner instruction au contracteur d'exécuter une variation sans même qu'il y ait accord sur le prix (*instruction to proceed* ou *ITP*). La discussion de la compensation financière est renvoyée à plus tard, avec celle du solde final, lorsque le rapport de force s'est inversé.

Qu'un dispositif aussi léonin soit adapté à des situations d'urgence (cas des travaux à la mer par exemple), on ne peut en disconvenir ; il ouvre néanmoins la porte à bien des abus et contentieux pour peu que la hiérarchie du donneur d'ordre laisse la bride sur le cou à ses représentants auprès du contracteur.

✧ Résiliation du contrat (*termination*)

En principe, les contrats stipulent que l'une des parties peut unilatéralement mettre fin au contrat lorsque l'autre est défaillante (*default*) ou ne respecte pas le contrat (*breach of contract*), la résiliation effective n'intervenant qu'après une ou plusieurs mises en demeure non suivies d'effet.

Quoique peu fréquente, une résiliation est un évènement majeur qui crée un grave préjudice pour l'une au moins des parties et comporte presque toujours des suites contentieuses. Les dispositions qui définissent les droits[7] et devoirs de chacun dans cette hypothèse sont alors déterminantes dans l'esprit des juges ou des arbitres appelés à trancher le litige.

❖ Force majeure

Les cas de force majeure sont rares mais, comme pour la résiliation, le contrat fixe les règles du jeu entre les parties et celui qui s'en exonère affaiblit sa position dans un éventuel contentieux.

❖ Responsabilités

Les responsabilités des uns et des autres, comme les polices d'assurances à contracter, sont d'ordinaire définies au contrat. En font partie la sécurité du chantier et des personnes, les atteintes à l'environnement, le maintien en état de bon fonctionnement des installations,

---

[7] En cas de résolution pour défaut du contracteur, le donneur d'ordre peut par exemple poursuivre le projet avec un autre entrepreneur aux frais du premier, après avoir appelé les cautions en place et suspendu le paiement des sommes dues.

voire les pertes de production[8]. Là encore, un défaut de vigilance pendant la négociation du contrat peut réserver des surprises désagréables.

Il est indispensable de délimiter strictement ce qui est de la responsabilité du contracteur et, notamment, d'exclure tout dommage indirect (*consequential damages*).

❖ Réception et transfert de propriété (*acceptance and taking over*)

Après l'achèvement des travaux ont lieu les essais de performance selon une procédure qui précise notamment les mesures de mise en conformité et remèdes[9] en cas d'échec. À l'issue de ces essais intervient la réception provisoire qui déclenche le transfert des installations au donneur d'ordre et le début de la période de garantie.

Cette dernière est mise à profit par le contracteur pour apurer la liste des éventuelles non-conformités. À son issue, et si aucune mise en jeu de la garantie n'est survenue dans l'intervalle, est prononcée la réception définitive avec le paiement du dernier terme et la restitution des garanties bancaires.

Il est un cas de figure que le contracteur doit s'appliquer à rendre contractuellement impos-

---

[8] Cela peut aller très loin... Il semblerait ainsi qu'outre celle de l'exploitant, une loi indienne récente présume la responsabilité du fournisseur d'une centrale nucléaire en cas de survenance d'un accident d'exploitation.

[9] Il s'agit généralement de pénalités libératoires (*liquidated damages*). Le contracteur rationnel doit refuser avec la dernière des énergies toute obligation qui s'apparenterait à un *make good*, c'est-à-dire à un engagement de mise à niveau quel qu'en soit le coût.

sible : c'est celui où le donneur d'ordre mettrait les installations en service industriel sans qu'ait eu lieu le transfert de propriété, car la porte est alors grande ouverte à tous les abus et tous les dangers.

❖ Résolution des litiges (*dispute resolution*)

L'exécution d'un contrat donne généralement lieu à des réclamations de la part de l'une ou l'autre des parties. Lors de la négociation du solde de tous comptes, chacun met ses griefs sur la table et cherche à aboutir à un compromis acceptable des deux côtés. En l'absence d'accord amiable s'ouvre une phase contentieuse qui met en jeu la loi applicable au contrat et la juridiction compétente pour trancher les litiges.

Ces deux paramètres doivent être impérativement déterminés par le contrat, faute de quoi ce sont la loi et la juridiction du lieu de signature du contrat qui prévalent.

Il convient bien évidemment de récuser toute juridiction qui ne présenterait pas une garantie absolue d'impartialité. Il faut aussi se montrer vigilant sur la loi applicable car le droit des contrats et la latitude d'interprétation des juges varient d'un pays à l'autre. C'est en particulier le cas pour l'attribution de dommages et intérêts, les limites de responsabilité et le caractère libératoire des pénalités[10].

---

[10] L'attention du lecteur doit être attirée sur le fait que l'exclusion contractuelle des dommages indirects ne confère pas une protection absolue. Cela dépend de la juridiction appelée à trancher le litige et de la jurisprudence à laquelle elle se réfère.

Les motivations des parties

Cette rapide revue montre qu'un contrat clés en main résulte d'un rapport de force, en dépit des garde-fous que constituent les modèles établis par différentes organisations professionnelles.

Pour comprendre les règles qui jouent dans la détermination du point d'équilibre entre le donneur d'ordre d'une part et le contracteur d'autre part, il convient tout d'abord d'observer qu'on a rarement affaire à un marché au sens classique du terme, avec une multiplicité d'intervenants.

En effet la taille des projets, les contraintes géographiques, le jeu de la sélection naturelle limitent le nombre des contracteurs auxquels les donneurs d'ordre d'une branche industrielle donnée peuvent faire appel.

Sous réserve qu'il ne découvre pas en cours de route que le budget dont il dispose est insuffisant, le donneur d'ordre est avant tout soucieux de mener son projet à bon port, avec le minimum d'aléas. De son côté, le contracteur est aiguillonné par la peur de manquer, d'où l'importance qu'il accorde à son carnet de commandes dont l'écoulement garantit — ou non — la pérennité de l'activité, encore qu'il ne faille jamais perdre de vue le fait que la marge en carnet importe autant, sinon plus, que le chiffre d'affaires.

La perception de la conjoncture est déterminante. Pour peu que le climat des affaires soit porteur les projets d'investissement foisonnent ; si les opérateurs anticipent au contraire un ralentissement de l'économie, ils se tarissent brutalement. C'est une des caractéristiques essentielles du marché des biens d'équipements que d'être fortement cyclique[11]. Les contracteurs ne devraient jamais oublier que les périodes de vaches grasses n'ont qu'un temps.

Chacun conviendra que les meilleurs contrats sont ceux qu'on peut se permettre de décliner : comme dans toute négociation, le partenaire qui n'a pas besoin d'emporter l'affaire bénéficie d'un avantage incontestable et est en mesure de dicter, jusqu'à un certain point, ses conditions. De tels moments de pure félicité sont malheureusement bien rares dans la vie d'un contracteur et c'est le plus souvent le donneur d'ordre qui est en position de faire prévaloir son point de vue, pour autant qu'il ait été suffisamment prévoyant et ait eu la sagesse de préserver de l'extermination quelques-unes des entreprises susceptibles de lui fournir les prestations dont il a besoin (deux ou trois suffisent amplement).

Quoi qu'il en soit, nous nous placerons désormais dans le cas de figure où les parties ont fini par se mettre d'accord après une longue phase de gestation et où le contrat est enfin signé. Dans l'euphorie bien compréhensible de la victoire tant attendue, le contracteur devra néanmoins conserver à l'esprit l'avertissement qu'au temps de la Rome antique, l'esclave prodiguait au général vainqueur pendant qu'il paradait sur le Champ de Mars : « Arx tarpeia Capitoli proxima[12] »

---

[11] L'exemple que citent tous les traités d'économie politique est celui du cycle du porc, mais on pourrait également se référer à la construction navale avec le comportement moutonnier des armateurs : oubliant les leçons des crises antérieures, ceux-ci n'ont de cesse que de commander de nouveaux navires en période faste, créant ainsi des surcapacités qui pèseront lourdement sur les taux de fret deux ou trois ans plus tard. La persistance de tels comportements suicidaires est proprement stupéfiante.

[12] Il n'y a pas loin du Capitole à la Roche Tarpéienne !

Du Démarrage
d'un Projet

Une fois dissipées les vapeurs des libations qui accompagnent traditionnellement la signature d'un contrat, il est urgent de passer aux choses sérieuses.

Le choix du chef de projet

La première décision à prendre est celle de la désignation du chef de projet.

L'idéal est de s'inscrire dans la continuité en confiant la responsabilité de l'exécution du contrat à celui qui a présidé à son enfantement. On fait ainsi l'économie d'une passation de pouvoir qui est toujours l'occasion de polémiques sans fin[1].

Il n'est toutefois pas toujours possible de respecter ce principe de saine gestion, soit parce que l'organisation de l'entreprise s'y oppose (séparation du service commercial et du service chargé des réalisations), soit parce que le responsable en question déclare forfait.

Cette dernière éventualité est presque toujours le signe annonciateur de déboires à venir. Le refus d'obstacle, qu'il se manifeste sous forme de démission, de dépression nerveuse ou, plus simplement, d'inhibition, qu'il intervienne au moment du lancement du projet ou au beau milieu de sa réalisation, est un signal qui doit alerter tous les niveaux de la hiérarchie. Il est en effet l'indice de l'existence de vices

---

[1] Il importe bien entendu que la règle soit posée au départ et que le responsable de la négociation commerciale sache qu'il aura à mener l'affaire de bout en bout.

encore cachés dont le responsable d'affaire a pris conscience mais qu'il se sent incapable d'assumer.

La capacité à encaisser les coups et à faire face aux situations de crise avec sang-froid est sans doute la qualité la plus indispensable à un chef de projet. Il faut aussi qu'il sache décider et obtenir l'adhésion de son équipe. Il doit bien sûr s'attacher à créer des relations de confiance avec son client. Enfin, il est impératif qu'il soit transparent vis-à-vis de sa hiérarchie.

La vie d'un projet est jalonnée de contrariétés, contretemps, incidents ou accidents. On ne doit jamais en faire grief au porteur de mauvaises nouvelles dès lors qu'il est réactif et s'implique pleinement dans le redressement de la situation (sauf, bien entendu, si les catastrophes succèdent aux catastrophes). Il faut au contraire examiner posément avec lui la situation et discuter les plans d'action à mettre en œuvre. En revanche, l'opportuniste qui enjolive les choses et dissimule, ou minimise, la vérité[2] est un danger public et doit être écarté sans autre forme de procès.

Hormis la vision stratégique, toutes ces qualités s'apparentent fort à celles qu'un conseil d'administration attend d'une direction générale. Ce n'est guère surprenant car qu'est ce qu'un projet, si ce n'est une entreprise momentanée ?

---

[2] Les anglo-saxons ont, pour qualifier ce genre de comportement, une expression merveilleuse : *to be economical with the truth.*

Le budget de référence et la constitution de l'équipe de projet

Dans la foulée de l'intronisation du responsable d'affaire intervient la formalisation, à partir de la fiche de prix de vente, d'un budget qui servira de référence pendant toute la durée du contrat. Les anglo-saxons parlent de *handover* et d'*As Sold Budget*. Ce passage de témoin peut donner lieu à des controverses animées, surtout si le chef de projet sur lequel on a jeté son dévolu n'a pas été associé de près à la négociation commerciale. La direction de l'entreprise doit s'alarmer si des écarts significatifs apparaissent entre ce qui a été vendu et l'engagement qu'accepte de prendre celui qui est en charge de la réalisation car c'est toujours l'indice de déficiences graves telles qu'une mauvaise qualité de l'estimation, un volontarisme commercial malvenu ou un déficit de communication entre services.

Il va sans dire qu'un chef de projet doit posséder sur le bout des doigts le détail du contrat de son affaire et de son budget[3].

Parallèlement il faut qu'il s'attelle à la constitution de son équipe.

Celle-ci est bien entendu à géométrie variable. Sa taille est fonction de celle du projet et sa composition évolue au fil des étapes de sa réalisation. On peut cependant esquisser un organigramme type dont les cases sont occupées à temps plein ou à temps partiel :

---

[3] Cela tombe sous le sens ; il arrive cependant de croiser des chefs de projet qui n'ont qu'une idée assez approximative de leur contrat, au point de ne découvrir certaines clauses gênantes que lorsqu'elles leur sont opposées par le client.

❖ Fonction planning, responsable de la tenue du planning détaillé de l'affaire ainsi que de la détermination des taux d'avancement budgétaires et réels

❖ Fonction technique, responsable de l'ingénierie de détail, de l'émission des plans d'exécution et des réquisitions

❖ Fonction achats/sous-traitance, responsable de la *supply chain* (sélection des fournisseurs et des sous-traitants, suivi technique et contractuel de leurs prestations)

❖ Fonction construction/mise en service, responsable de la coordination des travaux sur site, de la supervision des sous-traitant de génie civil et de montage ainsi que de la mise en route et de la réception des installations

❖ Fonction finance/contrôle, responsable du suivi du budget, du contrôle des engagements, des dépenses et des recettes, du reporting comptable et financier ainsi que de la préparation des revues d'affaire

❖ Fonction *contract management*, chargée du suivi de tout ce qui relève de l'application ou de l'interprétation du contrat (variations, réclamations, litiges...) ainsi que plus généralement des questions juridiques susceptibles de se poser du fait du projet (assurances, relations avec les tiers...)

Lorsque la taille de l'affaire le justifie, le chef de projet peut être assisté d'un adjoint ; il arrive aussi que le projet soit découpé en sous-ensembles (*work packages*) à la tête desquels sont placés des responsables qui ont pour l'essentiel un rôle de supervision et de coordination. Cela équivaut à doter le projet d'une organisation matricielle dont l'efficacité dépendra largement de l'implication et du charisme du chef de projet.

La composition de l'équipe résulte d'un compromis entre les desiderata du chef de projet et les ressources dont disposent à un moment donné les responsables de disciplines. Divers paramètres doivent être pris en compte : la compétence technique assurément, mais aussi des qualités humaines telles que l'ouverture aux autres, la capacité à communiquer ou l'intégrité. Il est judicieux, lorsque c'est possible, d'enrôler des personnes ayant déjà montré sur des affaires antérieures qu'elles savaient travailler ensemble de façon harmonieuse, en évitant toutefois de tomber dans le travers des associations d'anciens combattants.

Il est parfois nécessaire que la hiérarchie s'en mêle lorsqu'un arbitrage est nécessaire, mais il est toujours périlleux de passer outre à un veto motivé du chef de projet.

La mise en place de la documentation de référence

Le noyau de l'équipe, une fois constitué, met en place les différents documents de référence qui accompagneront le projet tout au long de son existence. La liste peut varier, mais elle comprend au moins :

❖ Le registre des documents contractuels à fournir au client (*master document register*) : il s'agit, entre autres, des plans à faire approuver, des spécifications, des plans *as built*, des certificats de conformité.

Chaque document doit faire l'objet d'une rubrique comportant une brève description, des dates au plus tôt et au plus tard, des mentions attestant de la remise au client et de son approbation lorsque celle-ci est requise, etc.

Ce registre, qui est l'index à partir duquel est assurée la traçabilité des prestations et des équipements fournis au client, peut comporter plusieurs milliers d'entrées pour une affaire d'une certaine complexité.

❖ Le journal des engagements (*commitments register*) : y sont consignés tous les engagements financiers pris par le projet vis-à-vis de tiers, fournisseurs ou sous-traitants. Il est renseigné à chaque fois qu'est passée une commande ou signé un contrat et il fait apparaître les échéances auxquelles il est prévu qu'interviennent les paiements.

Ce document est une pièce essentielle du dispositif de contrôle de gestion, notamment pour la réconciliation des factures et l'établissement des prévisions de trésorerie.

Sa tenue ne pose pas de problème particulier lorsqu'il s'agit de contrats passés au niveau central. Il n'en va pas forcément de même pour les dépenses locales : dans l'urgence les décideurs sur place ont tendance à s'affranchir des procédures et à passer des commandes verbales qu'ils s'empressent d'oublier dans le brouhaha du chantier. Leur surprise n'en est que plus grande lorsque les fournisseurs se rappellent à leur bon souvenir, parfois plusieurs mois plus tard[4]. La règle du jeu doit être

---

[4] La négligence et le laisser-aller ont parfois bon dos. Une escroquerie classique de la part de fournisseurs peu scrupuleux consiste à émettre des factures pour des prestations fictives lorsque la démobilisation du chantier est bien avancée et qu'une partie du personnel d'encadrement a

inflexible et connue de tous : toute facture à l'appui de laquelle ne pourra être produit un bon de commande (*purchase order*) en bonne et due forme, et signé par un responsable autorisé, ne sera pas honorée.

❖ Le registre des facturations au client dans lequel sont consignées toutes les factures émises à l'encontre du client, avec leur fait générateur contractuel, les dates prévues pour leur règlement, les relances et contestations éventuelles.

❖ Le registre des risques, déjà mentionné, qui constitue l'outil de suivi et de gestion des provisions pour aléas.

❖ Le registre des variations et réclamations dans lequel sont retracées toutes les prestations jugées hors contrat et dont l'indemnisation est toujours en suspens[5].

La mémoire des faits ayant tendance à s'effilocher avec le temps, il est de bonne pratique de faire acter à intervalles fixes par les parties ces points en instance sans que cela préjuge de l'issue qui leur sera trouvée.

❖ Le registre des litiges de toute nature avec des tiers au contrat ainsi que des mises en jeu des polices d'assurance

D'aucuns s'alarmeront de cette avalanche documentaire et y verront une manifestation hors de propos de

---

déjà été rapatriée… À condition de ne pas être trop gourmand sur les montants et de rester suffisamment vague sur la nature des fournitures, cela peut marcher, surtout si on bénéficie de complicités internes !

[5] La rumeur publique veut que l'ascension rapide d'un entrepreneur de travaux publics fort connu s'explique en partie par la promptitude avec laquelle il ouvrait son registre des réclamations, selon d'aucuns avant même la signature du contrat.

centralisme bureaucratique. Il n'en demeure pas moins, et nous aurons l'occasion d'y revenir lorsque nous traiterons du contrôle de gestion, que la conduite d'un projet nécessite rigueur et discipline et que les initiatives individuelles, pour indispensables qu'elles soient, sont rarement productives lorsqu'elles sont désordonnées.

Dans le même esprit le chef de projet doit très rapidement mettre en place les délégations de pouvoir au sein de son équipe, les procédures et les autorisations. Il importe en effet que chacun sache quel est son champ de compétence, quelles en sont les limites et à qui il doit référer quand ces dernières sont franchies.

Le plan d'exécution du projet

Une fois prises ces dispositions de bonne administration, il faut mettre en chantier le plan d'exécution du projet (*project execution plan*).

Ce document essentiel comporte plusieurs volets :

❖ un planning détaillé des tâches à enchaîner pour mener le contrat à son terme

❖ une évaluation précise des ressources humaines, financières et matérielles à mobiliser à chaque étape pour accomplir lesdites tâches

❖ une méthode de mesure du taux d'avancement fondée sur la survenance d'évènements physiques (tels que franchissement de *milestone*, achèvement d'activité, commande ou livraison d'un équipement critique...)

Ce dernier point, dont nous verrons qu'il est central pour le contrôle de gestion, mérite dès à présent quelques commentaires.

De même qu'un navigateur dispose d'instruments (GPS aujourd'hui, observations astronomiques hier) pour estimer sa position instantanée et la comparer à la route théorique qui lui a été assignée, le chef de projet a besoin de savoir s'il a dévié de sa trajectoire et si la dépense qu'il constate est en ligne avec le budget qui lui a été alloué.

La prise en compte des seuls éléments financiers peut être extrêmement trompeuse : si la dépense à un moment donné est en ligne avec le budget à date, ce peut être tout simplement parce que l'avancement physique a pris du retard, auquel cas on risque fort de constater un dépassement en fin d'affaire. Il est donc indispensable d'être en mesure de déterminer si l'avancement et la dépense constatés sont cohérents avec le planning et le budget initiaux.

Une importante littérature existe sur la question. Disons simplement que la méthode la plus fiable consiste à décomposer le projet en tâches suffisamment élémentaires pour que leur statut soit binaire (soit « pas encore commencée », soit « achevée ») et à affecter à chacune d'elles un coût budgétaire soit directement, soit à travers un nombre d'unités d'œuvre valorisées grâce à un taux. Il suffit alors de recenser les tâches qui ont été menées à leur terme, de calculer la fraction du budget qui leur correspond (*earned value*) et de la comparer à la dépense constatée. Voilà pour le principe directeur de la méthode ; nous en développerons les détails de mise en œuvre dans le chapitre consacré au contrôle de gestion.

Le travail sur le plan d'exécution est également pour le chef de projet l'occasion d'une réflexion stratégique sur la façon dont il va « jouer » son contrat :

❖ quelles sont les phases critiques en termes de planning, de difficulté technique et de position contractuelle

❖ dans quelles dispositions d'esprit le client se trouve-t-il et comment établir avec lui des relations constructives

❖ comment souder l'équipe de projet et faire en sorte que les talents des individualités qui la composent s'ajoutent au lieu de se neutraliser

❖ quels seront les périodes où les intérêts du contracteur et ceux du client convergeront et celles où ils divergeront

Bref, il s'agit de simuler par la pensée (ou par tout autre moyen !) le déroulement du projet et d'en tirer des conclusions opérationnelles. Bien entendu cet exercice n'est pas fait une fois pour toutes et l'ouvrage doit être remis sur le métier chaque fois que les faits dévient du scénario. Le déni de réalité est un luxe au dessus des moyens d'un chef de projet !

Passer en mode opérationnel

Une fois que son équipe est constituée, que sa hiérarchie lui a assigné des objectifs clairs auxquels il adhère, qu'il dispose d'un plan de marche, il reste au chef de projet à s'employer à souder ceux qui seront ses partenaires et interlocuteurs pendant de nombreux mois voire plusieurs années — membres de l'équipe stricto sensu et représentants du client — et à créer cette atmosphère partenariale qui est l'un des ingrédients d'une affaire réussie.

Pour cela il organise des réunions de lancement (*kick-off meetings*) pour faire circuler l'information, détailler les objectifs, présenter les procédures à suivre, préciser les responsabilités de chacun, mais aussi répondre aux questions et écouter.

Les anglo-saxons sont également friands du *team-building* qui consiste à organiser un séminaire résidentiel de quarante-huit ou soixante-douze heures au cours duquel les acteurs du projet, représentants du client compris, se retrouvent dans un cadre informel autour d'activités sportives ou ludiques. Cette pratique est parfois accueillie avec scepticisme par le français individualiste et volontiers railleur qui, d'instinct, y voit au mieux un relent de scoutisme ou de patronage et au pire une tentative d'embrigadement. L'auteur peut cependant attester qu'un *team-building* bien préparé et bien conduit a des effets très bénéfiques car il permet aux gens de mieux se connaître, de partager leurs expériences et d'exprimer leurs personnalités en s'affranchissant, dans une large mesure, du carcan hiérarchique.

Dans le Feu de l'Action

Bien que l'auteur ne soit guère versé dans la chose militaire, la lecture des œuvres de quelques stratèges l'amène à inférer qu'il existe bien des points communs entre la conduite d'un projet et celle d'une armée en campagne.

Dans les deux types d'activité, une planification rigoureuse et une logistique impeccable sont des conditions nécessaires du succès, mais encore faut-il avoir ce que Clauzewitz appelait le coup d'œil, cette capacité à intégrer les imprévus, à jauger une situation et à redéployer ses ressources là où elles seront les plus efficaces... en s'appuyant sur sa connaissance des hommes et du terrain (ainsi que, le cas échéant, sur des renseignements émanant du 2ème bureau).

Comme le déroulement d'une bataille, la vie d'un projet est émaillée de contingences et de surprises qui obligent à des révisions incessantes des plans les mieux établis, voire à des remises en cause stratégiques si le cours des évènements l'impose, tout en conservant son sang-froid en dépit de l'urgence.

L'ingénierie ouvre le bal...

Dans le cas d'un projet le premier contingent à se mettre en branle est celui des ingénieurs et techniciens d'étude.

Même si ce poste n'est pas celui qui pèse le plus lourd dans le budget d'une affaire, le rythme auquel sont consommées les heures d'ingénierie doit être suivi de près. Dès que la cadence de sortie des plans, nomenclatures et réquisitions s'écarte du planning il faut réagir en renforçant les moyens alloués aux études, soit en y affectant plus de ressources internes, soit en faisant appel à la sous-traitance (avec la déperdition d'efficacité qui accompagne généralement les décisions prise dans l'urgence ou la précipitation). S'il manque de réactivité le chef de projet se trouve très rapidement confronté à un dilemme cruel. Soit il procède à une opération vérité en prenant acte du retard de l'ingénierie et en décalant d'autant l'échéancier de réalisation, soit il prend le risque de lancer des commandes aux fournisseurs et aux sous-traitants sur la base de dossiers techniques incomplets ou provisoires.

Dans les deux cas il doit s'attendre à devoir constater des dérives sensiblement supérieures à ce qu'aurait coûté la mobilisation de moyens supplémentaires alors qu'il en était encore temps.

Il arrive que le refus de voir les choses en face suffisamment tôt enclenche des cercles vicieux redoutables : pour ne pas avoir à constater un retard, on passe commande sur la base de plans qui ne sont pas finalisés ; on s'expose bien évidemment à des demandes reconventionnelles de la part des fournisseurs à chaque fois qu'on ajuste une spécification ; pour récupérer un peu de flexibilité sur ce front, on lance alors des études supplémentaires pour s'écarter le moins possible des spécifications notifiées aux fournisseurs et ainsi de suite, pour accoucher au bout du compte de monstruosités techniques !

L'insuffisance des moyens affectés aux études n'est pas seule en cause dans l'amorçage de cette spirale destructrice. L'ingénieur est par nature une créature perfectionniste et, pour peu qu'on lui laisse la bride sur le cou, il ira de complément d'étude en gain de performance sans même se rendre compte qu'il franchit le point de non-retour sur le chemin critique.

À la différence de ceux des peintres ou des écrivains, les repentirs des ingénieurs coûtent cher et se paient comptant.

Les gels des détails de conception et des paramètres techniques sont donc des étapes cruciales de la phase amont d'un projet et il importe que le chef de projet et son adjoint technique sachent instaurer une discipline rigoureuse : une fois qu'un choix technique est gelé et la révision correspondante de la liasse de plans approuvée, une modification ne peut intervenir que pour des motifs très graves et après approbation préalable des autorités supérieures du projet.

Lorsque la décision est prise de revenir sur un choix technique, que ce soit à la demande du donneur d'ordre ou à l'initiative du contracteur, il est indispensable d'en évaluer toutes les implications et d'en informer tous les intervenants en amont comme en aval. C'est l'objet des procédures de gestion du changement (*management of change*) qui sont désormais bien codifiées et font partie intégrante de la panoplie à la disposition des chefs de projet. Ces outils peuvent paraître lourds et bureaucratiques, mais ne pas les utiliser débouche la plupart du temps sur des impasses.

Ceci dit, la responsabilité des retards n'incombe pas toujours au contracteur.

Tout d'abord l'avancement des études peut être subordonné à la fourniture par le client de données clés qui ne sont pas toutes disponibles au moment de la signature du contrat. Dans cette hypothèse, il ne faut pas hésiter à émettre une réclamation en bonne et due forme.

D'autre part il est fréquent qu'une approbation par le donneur d'ordre soit requise avant que puisse être apposé sur un plan le tampon « bon pour exécution ».

Bien que les contrats prévoient en général que cet accord est réputé obtenu faute de réaction dans un délai déterminé, il peut en aller bien différemment dans la pratique.

D'un côté il est tentant pour un contracteur peu rigoureux d'essayer de reporter sur son client la responsabilité d'un éventuel retard en lui transmettant des documents préparés à la va-vite. De l'autre, un donneur d'ordre indécis est spontanément enclin à multiplier les demandes de clarification.

Dans ce petit jeu du chat et de la souris chacun a en tête l'application éventuelle de pénalités. L'objectif du contracteur est d'imputer le retard au donneur d'ordre[1], lequel cherche, bien entendu, à faire prévaloir le point de vue diamétralement opposé.

C'est l'une des circonstances où l'existence d'un patriotisme de projet de part et d'autre permet de faire l'économie de bien des querelles stériles.

Suivie par les achats...

Venons en maintenant au suivi des fournisseurs.

Comme on a déjà eu l'occasion de l'observer, l'acte d'achat va bien au-delà de la sélection des fournisseurs, la négociation des prix et la signature d'un contrat. Sauf à s'exposer à de cruelles déconvenues au moment où la prestation confiée à l'extérieur devient nécessaire au bon déroulement du projet, mieux vaut ne pas se désintéresser de la façon dont le fournisseur ou le sous-traitant exécute le contrat passé avec lui.

---

[1] Les anglo-saxons emploient alors l'expression *time is at large*.

Tel est le rôle de la relance (*expediting*) et de l'inspection :

- s'assurer que la fabrication, ou la mobilisation, progresse conformément à l'échéancier prévu et à alerter le plus en amont possible de tout risque de retard,

- veiller à la conformité au cahier des charges des matières et procédés de fabrication mis en œuvre,

- rassembler les certificats, agréments et procès-verbaux permettant de garantir la traçabilité,

- procéder à la réception en usine, ou sur chantier, des équipements ou machines objets du contrat,

- documenter en temps réel les éventuelles réclamations du fournisseur de façon à nourrir le dossier qui servira de base au règlement final.

Avec l'internationalisation de leurs achats, les contracteurs ont de plus en plus tendance à déléguer à des intervenants extérieurs cette fonction d'inspection/relance. C'est une évolution sans doute inéluctable, mais on ne doit jamais perdre de vue le fait que la livraison sur site de matériels non-conformes est toujours une catastrophe en termes de coûts comme de délais.

L'auteur se souvient ainsi d'une mésaventure cuisante. Il s'agissait d'un lot d'environ cent pièces mécano-soudées parties d'Europe avec tous les certificats prescrits, sur lesquelles on a découvert à l'arrivée, au fin fond du Golfe de Guinée, des malfaçons répétitives pour la réparation desquelles il a fallu importer à grands frais une équipe de soudeurs écossais (il s'agissait de soudures particulièrement délicates).

Après enquête on a découvert que les contrôles de la fabrication avaient été effectués uniquement sur documents (falsifiés !) et que les inspecteurs n'avaient jamais jugé utile de mettre les pieds dans l'atelier de fabrication ou de procéder à un examen, ne serait-ce que visuel, des pièces en cause !

Les exemples de ce type abondent : charpentes préfabriquées dont le montage se révèle problématique, peintures ou protections contre la corrosion inexistantes ou insuffisantes, tuyauteries, vannes, brides, boulonneries incompatibles etc... sans parler des normes applicables aux matériels électriques et des standards utilisés en automatique et informatique industrielles !

C'est pourquoi il est sage de conserver un noyau d'inspecteurs maison, capable d'auditer les organismes extérieurs auxquels on fait appel, d'effectuer quelques visites inopinées et d'assurer en direct la supervision de fabrications considérées comme critiques. C'est en outre un débouché idéal pour des chefs de chantier ou des metteurs en route désireux de se sédentariser en fin de carrière.

Il peut arriver qu'on découvre en cours de fabrication qu'on s'est mépris sur les capacités techniques ou la surface financière d'un fournisseur. Il faut alors réagir vite[2]... si on le peut ! En effet, les encours de fabrication se trouvent généralement dans les locaux du fournisseur défaillant et, sauf accord amiable à négocier avec lui ou l'administrateur provisoire (sous l'œil vigilant des personnels), leur transfert à un autre industriel chargé d'achever la commande est problématique.

---

[2] Une inspection réactive peut faire gagner quelques semaines cruciales

Quelles qu'aient pu être les précautions prises dans la rédaction du contrat, la position juridique du donneur d'ordre est au mieux incertaine et, devant la complexité et la lenteur des procédures, il devra se résoudre dans la plupart des cas à s'acquitter d'une rançon.

Avant de quitter le sujet de l'inspection, il est bon de dire un mot de l'emballage, fonction qui n'est pas aussi subalterne que pourrait le penser un profane et qui peut être à l'origine de désordres et de pertes de temps considérables sur le chantier.

Le rôle premier de l'emballage est de protéger les équipements pendant le transport et les manutentions. Les objets volumineux sont généralement conditionnés de façon spécifique et sont aisément identifiables. En revanche les accessoires et pièces de dimensions réduites sont mis en caisse ou en conteneur.

Chaque colis est accompagné d'un document (*packing list*) qui permet en principe de savoir ce qu'il contient sans avoir à l'ouvrir et à en effectuer l'inventaire physique.

Un des grands classiques de la vie sur les chantiers de montage est la *packing list* erronée qui déclenche une recherche éperdue, parmi des centaines de caisses[3], de celle qui contient les électrodes spéciales, la boulonnerie inox ou les paliers et roulements dont les monteurs ont un besoin urgent.

Il faut donc imposer aux fournisseurs et aux entreprises d'emballage un standard uniforme en matière de repérage et d'identification des pièces et des colis et vérifier qu'il est bien respecté.

---

[3] Toute caisse ouverte est une invitation au pillage

Puis par la logistique...

Tout projet d'investissement physique comporte un volet transport. Les différentes pièces du puzzle doivent en effet être acheminées jusqu'au site où aura lieu l'assemblage final.

Cette prestation est d'ordinaire sous-traitée à un ou plusieurs transporteurs qu'il faut sélectionner avec beaucoup de soin car tout retard, toute casse, toute perte a un impact direct sur le déroulement du montage.

Les dimensions de certains colis imposent parfois à faire appel à des moyens de manutention exceptionnels ou à des bateaux ou avions spéciaux (*jumbo carriers*) dont il n'existe qu'un petit nombre d'exemplaires à l'échelle de la planète et qu'il faut réserver fort à l'avance (en pratique lorsque le projet démarre). Même si les contrats comportent une fenêtre qui se resserre à mesure que la visibilité sur la date du transport s'améliore, ils sont peu flexibles et on doit s'attendre, en cas de retard dans la mise à disposition du colis, à des pénalités punitives ou à la perte du créneau.

Autre paramètre à ne pas perdre de vue : la qualité et l'engorgement des ports de déchargement. Il n'est pas superflu de demander à son représentant local de tisser de bonnes relations avec les autorités portuaires et d'enquêter sur la longueur des files d'attente et la durée des formalités à remplir avant de récupérer son bien.

Parmi ces formalités il en est une — le passage en douane — qui peut réserver quelques déconvenues. Sauf si on a eu la chance de tomber sur un transporteur et un agent en douane rompus aux subtilités des us et coutumes locaux, il manque toujours un document. Dans certains pays il n'est pas exceptionnel de voir le matériel mariner plusieurs semaines en zone sous douane.

L'idéal est bien sûr de s'exonérer des retards éventuels en stipulant au contrat que le dédouanement relève de la responsabilité du donneur d'ordre lequel est censé avoir une meilleure connaissance du contexte local... Celui-ci, malheureusement, est rarement né de la dernière pluie et tient tout particulièrement à ce que la logistique soit assurée de bout en bout par le contracteur.

Puisque nous sommes sur ce sujet de la douane, disons un mot du problème des importations temporaires, régime sous lequel les divers engins nécessaires au chantier bénéficient d'une exonération de droits à condition d'être réexportés à l'issue des travaux. Bien souvent, par négligence et dans l'affairement de la démobilisation, on laisse sur place des équipements hors d'usage et tout juste bons à être riblonnés. C'est la source de contentieux aussi interminables qu'abscons avec les administrations locales, qui ont une mémoire d'éléphant et ne manquent jamais de se rappeler à votre bon souvenir pour peu qu'une autre affaire vous amène à remettre les pieds dans le pays !

Quoi qu'il en soit la chaîne de transport se situe presque toujours sur le chemin critique des projets et il est impératif que les délais pris en compte dans les plannings soient réalistes et intègrent une marge de sécurité suffisante. Si tel n'est pas le cas, les différents acteurs de ladite chaîne ont vite fait de comprendre que le projet est sous pression et d'en tirer des avantages de toutes natures.

Il existe certes un moyen commode pour camoufler certains retards ou erreurs de planification : le transport aérien. Outre le fait qu'on ne peut l'envisager pour des matériels lourds ou volumineux[4], c'est un expédient qui se révèle vite dispendieux. Un management avisé sera bien inspiré de mettre en place une procédure d'autorisations spécifiques, ne serait-ce que pour détecter les négligences ou les loupés qui risquent d'affecter les projets en cours et en tirer les leçons pour l'avenir.

Il est néanmoins équitable de signaler, à la décharge du fret aérien, qu'il bénéficie dans beaucoup de pays dits « du Sud » de formalités douanières allégées par rapport à celles auxquelles sont soumises les marchandises importées par la voie maritime. La raison de ce traitement différencié est mystérieuse, mais le fait est là !

Pour aboutir au site du chantier

Les efforts des acteurs que nous venons de passer en revue — ingénieurs d'étude, acheteurs, fournisseurs, transporteurs — convergent vers un point focal : le site sur lequel sera édifiée l'atelier, l'usine, le complexe, ou encore l'immeuble qui est l'objet du contrat.

La mise à disposition du site suppose que soient préalablement réglés les problèmes de maîtrise foncière, d'accès et d'alimentation en fluides et en énergie. Il s'agit là de questions qui ont de multiples implications locales et la sagesse consiste à les laisser au donneur d'ordre qui est le mieux placé pour apprécier le contexte, d'autant qu'il sera propriétaire des installations et les exploitera.

---

[4] Encore que la capacité d'emport des Antonov hérités de l'Armée Rouge ait reculé les limites du possible.

En revanche les contrats clés en main confient généralement la responsabilité du génie civil au contracteur. Sauf s'il a une connaissance parfaite du terrain,
celui-ci devra chercher à obtenir un parallélisme aussi
étroit que possible entre les conditions qu'il a consen-
ties au donneur d'ordre et celles qu'il obtiendra de son
sous-traitant (*back to back conditions*) : accepter un
prix forfaitaire pour des travaux de fondation alors
que celui qui les exécute est rémunéré au mètre de
pieux est un pari fort risqué car ce ne sont pas
quelques sondages préliminaires qui procurent des
certitudes sur la profondeur à laquelle on trouvera la
roche en place et sur ses caractéristiques.

Le bon déroulement d'un chantier dépend pour une
large part de la façon dont ont été effectuées sa préparation et la mobilisation sur place de moyens nécessaires.

Une première question doit être tranchée très en
amont. Pour quel statut local opte-t-on ? Peut-on faire
l'économie d'un établissement stable, faut-il au contraire en passer par une succursale ou une filiale ? La
réponse à apporter dépend bien évidemment des lois
et règlements locaux et de la durée prévue du chantier. Chaque mode d'organisation a ses contraintes
propres qu'il faut évaluer avec soin et respecter une
fois la décision prise faute de quoi le fisc ne manquera
pas de se manifester un jour ou l'autre.

Il est ainsi fréquent de se voir infliger un rappel
d'impôts parce que la durée du chantier a dépassé de
quelques jours ou semaines les six mois fatidiques au-
delà desquels on considère dans la plupart des pays
qu'il y a eu création d'un établissement permanent de
fait.

Ce point tranché, le responsable du chantier doit préparer la mobilisation des personnels et des moyens nécessaires.

L'épopée de la ruée vers l'or californien à la fin du XIXème siècle a été immortalisée par les scénaristes et metteurs en scène d'Hollywood qui ont eu tendance à en gommer les aspects les plus sombres et en particulier la misère noire des campements de fortune dans lesquels vivaient les prospecteurs. À notre époque de telles conditions de vie sont fort heureusement inacceptables et un chantier appelé à rassembler de plusieurs centaines à plusieurs milliers de personnes d'origines et de cultures diverses qu'il s'agit de faire vivre ensemble pendant plusieurs mois doit être organisé de façon à garantir à chacun, aussi modeste sa fonction soit-elle, un environnement en termes de confort et d'hygiène qui soit conforme non seulement aux normes locales mais aussi aux standards internationaux.

Dans la plupart des cas les infrastructures préexistantes ne sont pas adaptées et il faut créer de toute pièces une base-vie à partir de préfabriqués et prendre en charge tous les problèmes que peut poser la gestion d'une agglomération.

La vie sur un chantier est rude et les distractions y sont rares. Un soin tout particulier doit donc être apporté à la sélection des sous-traitants auxquels seront attribués les contrats d'hôtellerie et de restauration : l'ambiance de travail et le moral des troupes en dépendent (surtout si celles-ci comprennent des expatriés français !).

La diversité des statuts et des nationalités des personnels présents sur le site peut conduire à des situations de blocage ou à des rappels à l'ordre douloureux si on n'a pas pris la précaution d'effectuer les démarches nécessaires suffisamment tôt : obtention des visas ou des permis de travail pour les expatriés, application de la législation locale en matière de sécurité, de conditions d'emploi, de salaires et de fiscalité personnelle, etc.

Un chantier est par essence un endroit où peuvent survenir des accidents de personnes. Il importe donc de faire l'inventaire des infrastructures sanitaires locales et d'organiser à l'avance le rapatriement des blessés ou des malades qui ne pourraient être pris en charge sur place. En outre certaines régions présentent des risques médicaux particuliers (impaludation par exemple) qui nécessitent un suivi spécifique.

L'hygiène et la sécurité ont une priorité absolue et il n'y a qu'un mot d'ordre qui vaille : pas de blessure, même bénigne (*nobody gets hurt*) ! Pour y parvenir il faut adopter la même approche que pour l'organisation technique et industrielle du site, avec une préparation minutieuse des opérations, des procédures de prévention et de retour d'expérience, des plans d'action et un suivi systématique des évènements indésirables ou situations de « quasi-accidents »[5].

Le bon déroulement du chantier suppose qu'un planning détaillé des opérations à enchaîner soit tenu à jour en temps réel et fasse l'objet de concertations quotidiennes avec les différentes entreprises intervenantes. Sinon la coordination des corps de métier laissera à désirer, ce qui se traduira rapidement par des temps morts et des retards.

Les programmes d'accélération (ou plutôt de rattrapage) sont d'ailleurs l'un des grands classiques de la

---

[5] *Undesired event report*

vie de chantier. Les deux principaux ingrédients qui entrent dans leur confection sont la mobilisation de moyens supplémentaires en hommes ou en matériels et l'allongement de la durée journalière de travail. Sauf à se bercer d'illusions et à promettre la lune, il faut être conscient de l'existence de limitations physiques au-delà desquelles la productivité chute considérablement.

Il est ainsi parfaitement inutile de concentrer sur un point du site des engins et des monteurs si ceux-ci doivent se gêner mutuellement. De même le passage à deux postes de travail ne signifie pas que la production journalière est automatiquement doublée car le passage de consigne d'une équipe à l'autre n'est jamais parfait et il en résulte des erreurs dans les séquences de montage. Il vaut mieux, à tout prendre, allonger l'amplitude de la journée de travail et la porter à neuf, dix, voire douze heures. On ne doit recourir au travail de nuit qu'en toute dernière extrémité en raison de sa médiocre efficacité, conséquence de l'abaissement de la vigilance tant de l'encadrement que des opérateurs eux-mêmes.

Une attention renforcée doit alors être apportée aux questions de sécurité car la pression qui est mise sur chacun pour tenir un planning tendu, ainsi que les primes et incitations dont elle est souvent assortie, a pour effet mécanique d'augmenter les cadences de travail et de faire passer au second plan le respect des procédures et des règles de bon comportement (travail en hauteur, manutention des charges, port des équipements individuels, etc.). La direction du chantier doit d'ailleurs faire preuve de discernement lorsqu'elle décide de recourir à des incitations financières, car il ne faut pas se tromper de cible : fixer comme objectif une production journalière ou la tenue d'un délai peut aboutir à des résultats contraires à ce qu'on recherchait dans le cas d'opérations exigeant de la minutie. Il vaut alors mieux lier l'octroi de la prime à l'absence de reprises ou de corrections après inspection (bon du premier coup).

Dans un tel contexte, de grandes précautions doivent être prises dans la gestion du client car celui-ci a généralement intérêt à la réussite du plan d'accélération et presse à la roue, parfois en faisant miroiter des primes conséquentes. Il faut savoir résister à l'appas du gain immédiat et éviter de faire naître des espoirs inconsidérés... Tout dépend bien sûr de la qualité des relations qui se sont établies entre l'équipe de projet et celle du client, mais la sagesse consiste à s'en tenir à deux règles simples : ne jamais mentir et tenir ce qu'on a promis (et par conséquent ne rien promettre qu'on ne sache pouvoir tenir).

La hiérarchie de l'entreprise doit manifester son implication sans intervenir à tout propos

Avant de clore ce chapitre il reste à émettre quelques recommandations à l'adresse de la hiérarchie de l'entreprise.

Celle-ci doit tout d'abord se garder d'interférer à tout propos avec la conduite au jour le jour des projets, même s'il en résulte pour elle une frustration insoutenable[6].

---

[6] Les démocraties populaires ont amplement démontré l'inefficacité des organisations fondées sur l'adjonction de commissaires politiques aux responsables de la conduite des opérations (voir l'observation citée plus haut de l'académicien Legassov sur le schéma de fonctionnement de l'industrie nucléaire dans l'ancienne Union Soviétique).

Il ne faut toutefois pas confondre non-intervention et désintérêt : les supérieurs hiérarchiques du chef de projet sont parfaitement fondés à se tenir informés de la façon dont se déroulent les opérations, car on attend d'eux qu'ils soient disponibles pour examiner avec l'équipe de projet les décisions difficiles à prendre, sans se substituer à cette dernière à laquelle elles appartiennent en dernier ressort.

La règle absolue est de n'interférer que si les choses semblent échapper à tout contrôle et que le projet est en train de partir à la dérive ; on arrive alors souvent à la conclusion qu'un changement du responsable d'affaire est inévitable, ce qui peut poser de multiples problèmes. C'est donc une décision à ne prendre qu'après mûre réflexion et en étant préparé à se saisir soi-même des commandes au pied levé.

Pour suivre les projets qui entrent dans son champ de responsabilité, la hiérarchie de l'entreprise dispose de deux principaux instruments : les revues d'affaire et les visites sur le terrain.

Il est de bonne pratique de tenir les revues d'affaires à intervalles réguliers, une fois par mois pour les contrats importants ou traversant une phase critique, au moins une fois par trimestre pour les autres. Comme leur nom l'indique, ces réunions sont pour le chef de projet l'occasion de faire le point avec sa hiérarchie non seulement sur le reporting comptable et financier, mais également sur le déroulement technique et commercial de son affaire.

Le format des documents examinés pendant ces revues doit être standardisé de façon à permettre un suivi cohérent dans le temps, de la conclusion du contrat jusqu'à sa clôture, la référence étant la feuille de prix au moment de la vente (l'*as sold*). C'est habituellement le responsable du contrôle de gestion du projet qui les élabore à partir des données qu'il centralise, mais il est essentiel qu'ils soient approuvés par le chef de projet et qu'ils engagent sa responsabilité.

Un chapitre spécial sera consacré au contrôle de gestion de projet et aux techniques de reporting, mais là n'est pas le plus important pour l'encadrement de l'entreprise : la revue d'affaire est l'occasion d'observer les réactions du chef de projet et de ses principaux collaborateurs, de poser des questions... bref de prendre le vent. On doit bien entendu se garder de tout comportement inquisitorial qui transformerait la réunion en séance de tribunal révolutionnaire car ce serait afficher par son comportement qu'on a perdu confiance alors que toute l'organisation de projet repose précisément sur la confiance réciproque. Lorsque celle-ci s'est évanouie, il faut en tirer vite les conséquences, aussi douloureuses soient-elles, comme on l'a déjà signalé quelques lignes plus haut, et non pas temporiser en croyant obtenir par la menace ce qu'on n'a pu gagner par la persuasion. Ne jamais oublier que la terreur a pour premier effet de paralyser la plupart des individus.

Les visites de la hiérarchie sur le terrain[7] sont absolument essentielles et cela pour une double raison.

D'une part elles sont une manifestation tangible de l'implication des responsables de l'entreprise dans la réussite du projet. Ces démonstrations d'intérêt sont particulièrement indispensables dans les périodes de crise ou de difficulté avec le client. Ce n'est certes pas agréable de se faire traiter de noms d'oiseaux, mais cela permet souvent de ramener les différends à des proportions plus raisonnables tout en montrant à ses

---

[7] Par terrain il faut entendre chantier et site, mais aussi bureau d'étude, fournisseur, client.

propres collaborateurs qu'on prend sa part du fardeau et qu'ils ne sont pas les seuls à essuyer les reproches et les récriminations.

D'autre part, à chaque fois qu'on se rend sur le terrain et qu'on passe du temps avec les équipes, on en revient avec une meilleure compréhension des problèmes et une vision des choses qu'on n'aurait pu acquérir dans son bureau à la lecture des rapports d'activité. Contrairement à ce que peuvent penser certains chefs d'entreprise le temps passé à aller sur place (ou à présider les revues d'affaire) n'est pas du temps perdu, bien au contraire.

Savoir Terminer un Projet

Quiconque a eu à connaître d'un conflit social, et ce à quelque titre que ce soit, en conviendra sans peine : il vient un moment à partir duquel il faut savoir terminer une grève.

Toutes proportions gardées, il en va de même pour un projet.

Lorsque le chantier s'achève, que la production du prochain modèle est sur le point de démarrer ou, encore, que l'entreprise saute le pas en basculant sur un nouveau logiciel dont le paramétrage a pris des mois, commence la période frustrante de la clôture du projet : le dessein autour duquel toutes les forces de l'équipe étaient mobilisées est en passe d'être réalisé, les projets d'avenir des uns et des autres commencent à diverger... et pourtant il faut laisser derrière soi une maison en ordre.

La réception

La première étape d'une clôture selon les règles consiste à acter avec le donneur d'ordre que le résultat du projet est bien conforme au cahier des charges contractuel : c'est la réception (ou recette) (*acceptance*).

Dans le cas d'une installation industrielle, cette réception s'effectue généralement en deux étapes : une réception provisoire après démarrage et essais de performances suivie un an ou dix-huit mois plus tard d'une réception définitive, à l'issue de la période de garantie.

Le démarrage des installations est réalisé par les équipes de mise en route du contracteur, population d'ordinaire assez pittoresque composée de vieux briscards ayant bourlingué sous toutes les latitudes et encadrés par quelques jeunes ingénieurs de terrain (*field engineers*) apprenant le métier. Le déverminage (*debugging*) d'une unité et l'obtention des performances promises en présence d'un client pointilleux et parfois enclin à la méfiance est une tâche où la naïveté n'est pas de mise et qui réclame à la fois rigueur, professionnalisme et diplomatie quand ce n'est pas un peu de roublardise. Ceci dit, là comme ailleurs, on ne résout pas les problèmes en les niant ou en les maquillant. Mieux vaut reconnaître ses insuffisances éventuelles et examiner avec le client les meilleures façons d'y remédier.

En cas de performances déficientes, le client est en droit d'imposer les pénalités financières prévues au contrat (qui sont en général libératoires sauf si le contracteur a été assez inconscient pour accepter un *make good*). Toutefois la plupart des contrats prévoient une clause de rebut (*reject*) lorsque l'écart entre ce qui est livré et ce qui était attendu est par trop important. Sa mise en jeu est à l'évidence une catastrophe pour le contracteur défaillant qui, s'il survit à l'aventure, fera bien de se demander s'il ne ferait pas mieux de changer de métier.

Il est rare qu'une réception provisoire ne soit pas assortie de réserves (*punch list* ou *non-conformities*). La plupart sont mineures et portent sur des finitions telles que raccord de peinture ou signalétique. Il est facile de les lever. Certaines peuvent en revanche se révéler beaucoup plus gênantes et entraîner des dépenses conséquentes ou des disputes interminables. Le contracteur est donc bien inspiré de négocier pied à pied la liste des réserves et les termes de la réception provisoire tant qu'il détient un ultime moyen de pression sur le donneur d'ordre, à savoir le transfert de propriété et la mise en production industrielle.

Le transfert de propriété et la période de garantie

Le passage de témoin entre le contracteur et l'exploitant est en effet un moment clé. Il est indispensable qu'il coïncide avec le transfert de propriété pour éviter des contentieux inextricables en cas d'avarie ou d'accident. Mais ce n'est pas pour autant que le contracteur est exonéré de toute responsabilité quant au destin des installations qu'il vient de livrer.

Pendant une période d'un à deux ans, le donneur d'ordre bénéficie en effet d'une garantie mécanique. S'y ajoutent en outre dans de nombreuses affaires des prestations de formation des personnels d'exploitation et d'assistance technique.

L'exposition du contracteur pendant la période de garantie mécanique ne doit pas être sous-estimée. La garantie accordée par les constructeurs des matériels incorporés dans le projet démarre en effet, sauf stipulation spécifique, dès la livraison sur site des dits matériels alors que celle du contracteur ne prend effet qu'à partir du prononcé de la réception provisoire, c'est à dire à un moment où les garanties constructeurs sont déjà bien entamées quand elles n'ont pas tout simplement expiré.

La démobilisation du projet

Une fois la réception provisoire acquise commence la démobilisation du chantier, des matériels, des sous-traitants, de l'équipe de projet, mais aussi — et là est le danger — des esprits.

Il faut pourtant négocier les décomptes finaux et soldes de tous comptes avec le client et les fournisseurs, traiter les éventuels appels en garantie, fournir la documentation contractuelle[1] (dont font partie les plans *as built*), obtenir les quitus de tous ordres des autorités locales, instruire les litiges et contentieux lorsqu'il en existe.

Simultanément l'équipe de projet fond comme neige au soleil car la charge de travail diminue alors que de nouveaux projets montent en puissance. Très vite le passage à un autre type d'organisation s'impose[2].

Une première formule consiste à transférer le projet, avant qu'il ne devienne orphelin, à un département des affaires terminées (*closed jobs*) généralement rattaché à la direction juridique. Le rôle du responsable de ce département est de gérer les quelques provisions qui subsistent, de vérifier avant paiement les factures qui traînent, de récupérer auprès du client les *changes* et variations encore en discussion, d'instruire

---

[1] C'est une source fréquente de friction entre le donneur d'ordre et le contracteur, ce dernier ayant tendance à négliger cette prestation, pourtant contractuelle mais qui peut représenter plusieurs tonnes de papier. L'apparition du CD-ROM puis du DVD-ROM a certes permis de réduire le volume physique occupé par les documents, mais n'a guère affecté la charge de travail nécessaire à leur collecte puis à leur collationnement.

[2] Il faut au préalable prendre la précaution de verrouiller les codes informatiques correspondant au projet afin d'interdire les imputations sauvages. Il arrive en effet que des départements en sous-activité recourent au subterfuge du pointage sur des affaires terminées, comptant que le changement d'organisation leur évitera d'être pris la main dans le sac.

les réclamations auprès des assurances, d'obtenir la mainlevée des garanties bancaires, etc...

On conçoit sans peine que les candidats motivés et enthousiastes pour pareille mission ne soient pas légion. C'est pourquoi on préfère souvent répartir les *closed jobs* entre des chefs de projet ou des contrôleurs de gestion affectés principalement à des affaires en cours. On évite ainsi le syndrome du cimetière des éléphants.

La capitalisation du retour d'expérience

Quoi qu'il en soit, le recueil des bonnes pratiques recommande de réunir une dernière fois l'équipe de projet avant qu'elle ne se disperse, afin de tirer un bilan du projet, en dressant la liste de ce qui a bien marché et de ce qui a moins bien fonctionné et d'assurer ainsi le retour d'expérience (*lessons learnt*) dont les projets futurs sont censés tirer bénéfice.

Il faut cependant être conscient des limites de l'exercice qui en réduisent singulièrement l'intérêt pratique. Il intervient en effet bien tard, alors que le projet est en voie d'achèvement et n'intéresse plus grand monde dans l'entreprise. Par ailleurs, la propension à l'auto-censure et à l'auto-satisfaction est irrésistible. C'est la raison pour laquelle le retour d'expérience se résume le plus souvent à un concentré de formules convenues, calibrées pour ne faire de peine à quiconque.

Le progrès continu de l'entreprise et l'amélioration de son efficacité passent par des méthodes de communication beaucoup plus percutantes. Lorsqu'une bévue ou un loupé sont détectés, il ne faut pas hésiter à leur donner immédiatement une large publicité dans l'ensemble de l'entreprise de façon à en prévenir la répétition et à apporter les corrections nécessaires. C'est ainsi qu'on a une chance d'apprendre à partir de ses erreurs.

Il ne s'agit pas de traquer de supposés coupables et de les désigner à la vindicte populaire mais de chercher à mieux travailler ensemble. C'est là que réside la grande force des méthodes de la qualité totale et en particulier du chiffrage, à intervalles réguliers, du coût de la non-qualité[3].

Au changement de statut d'un projet correspond une modification profonde du rythme de son suivi. Sauf accident, apparition d'un vice caché ou réclamation tardive, les revues n'ont lieu qu'à l'occasion des arrêtés trimestriels de comptes et se bornent à l'enregistrement des quelques dépenses constatées, à la vérification de leur cohérence avec les provisions de fin d'affaire et au réajustement de ces dernières. Ce processus prend fin lorsque l'entreprise et ses commissaires aux comptes tombent d'accord sur le fait que toute exposition du fait de l'affaire a disparu et que la dernière provision peut être soldée.

La boucle est alors bouclée : le projet est devenu une référence à la disposition des commerciaux pour en conquérir de nouveaux.

---

[3] Le chiffrage de la non-qualité permet des prises de conscience salutaires. Il est en effet classique de découvrir qu'elle peut représenter entre le tiers et la moitié du résultat net d'une entreprise et que son élimination, ne serait-ce que partielle, constitue le premier gisement de productivité (*low hanging fruits* dans le jargon des consultants).

Les Outils de Contrôle de Projet : Principes de Base

Il est maintenant temps d'honorer la promesse faite à plusieurs reprises au fil des chapitres qui précèdent et de traiter du contrôle de gestion des projets. C'est une matière très technique et les pages qui suivent en rebuteront plus d'un. Il est pourtant indispensable de bien la maîtriser et cela pour trois raisons au moins.

Les raisons pour lesquelles on ne peut faire l'économie d'un contrôle de projet efficace

En premier lieu, toute entité engagée dans la réalisation d'un projet dépend de bailleurs de fonds, que ceux-ci soient des mécènes, des administrations publiques, des actionnaires ou des banquiers. Bien que leurs profils et motivations soient parfois fort éloignés, ces agents économiques partagent une aversion commune aux mauvaises surprises et aux dépassements de budget.

Lorsqu'il s'agit d'une société cotée, celle-ci doit, sous la responsabilité de ses mandataires sociaux, fournir à intervalles réguliers au marché des informations sur ses perspectives de résultat (*market guidance*) et rien n'est plus dommageable que de devoir lancer un avertissement sur résultat (*profit warning*)... Les chefs d'entreprise qui ont survécu au premier avertissement de cette nature se font généralement remercier par leur conseil d'administration au second.

Lorsque l'entité porteuse du projet est une administration publique, une société d'état ou d'économie mixte, ou encore une fondation, la réaction peut être un peu moins rapide mais les temps heureux sont révolus où les mandarins bénéficiaient d'une impunité salvatrice.

L'instinct de survie le plus élémentaire commande donc aux responsables d'un projet d'en maîtriser l'exécution ou — à tout le moins —de ne pas donner à leurs mandants le sentiment qu'ils sont dépassés par les évènements et que le processus échappe à leur contrôle.

D'autre part, il est d'expérience constante que les dérives sont d'autant plus faciles à corriger qu'elles ont été détectées de bonne heure. Un suivi rigoureux de projet permet précisément de savoir à tout moment comment on se situe par rapport au plan de marche prévu, si on s'en écarte et de combien, alors qu'une navigation à l'estime, fondée sur l'observation de quelques agrégats globaux, conduit droit aux récifs surtout quand, optimisme et vent arrière aidant, on a consommé de façon prématurée les provisions incluse dans le budget et qu'a disparu la marge de manœuvre nécessaire à un coup de barre salvateur.

Enfin, il est indispensable d'évaluer en continu la performance de l'équipe de projet, pour la récompenser lorsqu'elle fait du bon travail, pour la renforcer si le besoin s'en fait sentir. Là aussi, un outil de suivi précis permet de réagir promptement et avec objectivité, avant que frustrations ou conflits n'aient eu le temps de prendre corps.

Le budget de référence

Comme on a déjà eu l'occasion de le signaler la référence à partir de laquelle se construit le système de contrôle de gestion d'un projet est le budget *as sold* qui reflète soit la fiche de prix sur la base de laquelle l'affaire a été vendue, soit l'engagement pris par le chef de projet au moment du lancement. Comme le mètre étalon du Pavillon de Breteuil ce budget *as sold*, une fois entériné, est intangible et c'est par rapport à ce calibre que s'observent les écarts.

Pour qu'un projet ait une chance de se dérouler de façon satisfaisante, cette référence doit posséder les propriétés suivantes :

- ❖ constituer une prévision robuste de la marge brute globale à l'achèvement de l'affaire, ce qui signifie que les coûts et recettes ont été évalués de façon prudente et qu'une analyse exhaustive de risques a été effectuée de façon à fixer les provisions pour risques à un niveau adéquat,

- ❖ être fondée sur un cadre contractuel clair qui définit de façon précise les limites de fourniture ainsi que les obligations et responsabilités envers le client et les tiers,

- ❖ être décomposée par entité contractante, préalable indispensable à tout suivi par devise et par régime fiscal,

- ❖ inclure des échéanciers prévisionnels de recettes et de dépenses par entité contractante et par devise source afin de permettre la mise en place de couvertures de change et le calcul précis de la charge fiscale.

Le cahier des charges du contrôle de gestion de projet

Qu'attend-t-on du contrôle de gestion du projet ? Principalement qu'il produise à intervalles réguliers (en principe tous les mois) des informations fiables sur :

❖ l'avancement physique du projet ainsi que les dépenses et recettes « à date »[1]

❖ l'estimation révisée de sa performance à l'achèvement

❖ sa contribution au résultat de l'entreprise pour l'année ou le trimestre en cours

Ces informations doivent en outre être présentées sous un format leur permettant d'être intégrées dans les systèmes comptables de l'entreprise, si possible sans retraitement ni intervention manuelle (les ERP[2] dominants sur le marché comportent désormais un module gestion de projet qui remplit en principe cet objectif).

Cela ne semble pas bien compliqué à première vue, mais comme nous allons le découvrir au fil des pages qui suivent l'exercice peut très vite devenir un casse-tête comptable. C'est pourquoi nous nous concentrerons dans un premier temps sur un cas élémentaire :

❖ une entité contractante unique

---

[1] Traduction littérale de l'anglais *to date*, qui signifie « à ce jour » ou « jusqu'à présent »

[2] Initiales du terme anglo-saxon *Enterprise Resource Planning* dont la traduction française recommandée est Progiciel de Gestion Intégrée (PGI)

❖ dont toutes les transactions (coûts et recettes) sont effectuées dans une devise unique (euro par exemple) qui se trouve coïncider avec sa devise fonctionnelle[3]

Le contrôle de gestion doit alors effectuer la série d'opérations suivantes à la fin de chaque période.

Réalisations « à date »

Ce sont les recettes et les coûts constatés à un moment donné pour le travail accompli. Les logiciels de gestion de projet ont de plus en plus tendance à utiliser les abréviations *AC* ou *ACWP*, en honneur chez les comptables anglo-saxons. Elles signifient *actual cost* ou *actual cost of work performed* et s'appliquent à toutes les données « à date » d'un projet, qu'il s'agisse de dépenses ou de recettes.

Notons en passant que la comptabilisation des coûts comme des recettes est en principe indépendante des modalités de règlement.

❖ Recettes « à date » (*revenues to date*)

C'est le chiffre d'affaire effectivement facturé, ou susceptible d'être facturé, au client. Ceci signifie que, conformément à son contrat, le contracteur est en droit de réclamer au donneur d'ordres les recettes correspondant au travail accompli et qu'il n'existe pas de désaccord avec ce dernier sur le fait que ces sommes sont dues.

---

[3] La devise fonctionnelle d'une entité est la devise dans laquelle elle enregistre son bilan et son compte de résultat et le reporte au groupe. Elle peut être différente de la devise du pays où est localisée l'entité.

❖ Coûts « à date » (*costs to date*)

La question des coûts à constater mérite plus de précautions.

Tout d'abord, les engagements de dépense doivent être identifiés et suivis de façon rigoureuse et exhaustive dans le registre qui leur est consacré, avec émission systématique de bons de commande externes (*POs*, c'est-à-dire *purchase orders*) lorsqu'il s'agit de fournisseurs tiers, ou internes (*IPRs*, c'est à dire *internal purchase requests*) lorsqu'il est fait appel à des prestataires internes à l'entreprise.

Ce point est tout à fait essentiel car l'arrivée d'une facture non adossée à un bon de commande signifie dans la plupart des cas que la dépense correspondante n'a pas été incluse dans les dépenses à venir et qu'en conséquence le résultat à terminaison de l'affaire doit être amputé à due concurrence.

Il faut aussi être conscient du fait que tout laxisme dans le suivi des engagements est un encouragement objectif à toutes sortes de fraudes et d'escroqueries.

Vient ensuite la question du moment auquel les coûts doivent être enregistrés dans les comptes « à date » du projet.

La plupart des normes comptables stipulent que les coûts sont comptabilisés au moment du transfert de propriété.

Dans le cas d'un bien acheté à un fournisseur extérieur, tel que des consommables ou un équipement, le contrat de fourniture, ou les conditions générales de vente, tranchent la question. Le transfert de propriété intervient le plus souvent lors de la livraison sur le chantier ou dans les entrepôts de l'acheteur.

Les choses sont un peu plus complexes dans le cas d'une prestation sous-traitée, s'étalant dans le temps. La pratique la plus répandue consiste alors à enregistrer les coûts à mesure de l'avancement du contrat de sous-traitance.

Le même principe s'applique aux prestations internes (*intercompany charges*). Les coûts doivent être provisionnés par le projet sur la base de l'avancement déclaré par le prestataire interne jusqu'au moment où l'imputation comptable intervient.

Ce problème de la reconnaissance des coûts est crucial et doit être traité avec une extrême rigueur car, ainsi que nous l'expliquerons plus loin, c'est l'avancement des coûts qui commande le dégagement de la marge de l'affaire alors que celui des recettes est sans incidence.

✧ Réconciliation avec les écritures comptables

Une fois que l'équipe de contrôle de gestion d'un projet a déterminé les coûts et recettes « à date » elle doit effectuer une vérification indispensable : la réconciliation entre ces *ACWP* et ce que contient la comptabilité de l'entreprise.

Le service comptable enregistre en effet les factures émises en direction des clients et les factures reçues des fournisseurs (externes comme internes).

À l'issue de chaque période de *reporting*, et pour un projet donné, les écritures passées sont en principe inférieures aux *AC* ou *ACWP* en raison des délais administratifs de facturation. C'est la raison pour laquelle les comptables passent des provisions égales à ces écarts : les coûts encourus et les recettes méritées sont en effet inéluctables même s'ils ne se sont pas encore matérialisés sous forme de pièces comptables.

Il peut arriver que les coûts enregistrés par la comptabilité se révèlent être supérieurs aux *AC* ou *ACWP* déterminés par le projet. C'est toujours l'indice d'une anomalie sérieuse dans le fonctionnement du contrôle de gestion du projet et l'origine de l'écart doit être recherchée sans retard. On constatera dans la quasi-totalité des cas que certains engagements de dépense n'ont pas été identifiés de façon adéquate.

Au terme de ce processus de réconciliation les écritures « à date » passées par le projet d'un côté et par le service comptable de l'autre doivent coïncider, pour les coûts comme pour les recettes.

Estimation du reste à faire jusqu'à l'achèvement

La détermination des *actuals* d'un projet n'est qu'un hors d'œuvre dans le cycle de *reporting* en comparaison du plat de résistance que constitue l'estimation des recettes et dépenses restant à percevoir ou à consentir jusqu'à l'achèvement de l'affaire, *estimate to complete* (*ETC*) pour les anglo-saxons.

❖ Recettes attendues jusqu'à l'achèvement

En toute logique la détermination de ce qui reste à facturer au client devrait être assez aisée, du moins dans la mesure où ce dernier n'est plus en droit d'exercer des options ou de réduire l'étendue du projet.

C'est compter sans le traitement comptable des variations demandées par le donneur d'ordre ou des réclamations émises par le contracteur, matières qui ouvrent de vastes horizons à la créativité des gestionnaires peu scrupuleux. Il est en effet tentant de tenir pour acquis un dédommagement avant même qu'il n'ait fait l'objet d'un accord explicite entre les parties.

Une discipline inflexible s'impose en matière de reconnaissance de chiffre d'affaire : la recette attendue d'une variation ou d'une réclamation ne peut être incluse dans l'*ETC* que s'il existe un accord écrit avec le donneur d'ordre tant sur la chose que sur le prix.

Le non-respect de cette règle élémentaire de sagesse explique bon nombre de naufrages de contracteurs qui ont succombé à la tentation de la fausse monnaie en prenant pour argent comptant des compléments de prix qui ne se concrétiseront jamais.

❖ Coûts à prévoir jusqu'à l'achèvement

Pour les estimer, les contrôleurs de gestion du projet doivent s'imposer de passer en revue chacune des tâches restant à accomplir — qu'elle soit en cours ou qu'elle n'ait pas encore démarré — et réviser son coût en tenant compte des dernières informations disponibles (performances physiques, coûts unitaires, prix les plus récents obtenus des fournisseurs ou des sous-traitants...).

S'agissant des variations ou des réclamations, leurs coûts doivent être enregistrés en totalité dès que la décision est prise de les exécuter, même si on n'est pas en mesure de reconnaître les recettes correspondantes.

Le point d'achoppement est bien évidemment la vérification de la cohérence de l'avancement physique avec les coûts constatés « à date ». Ce contrôle de cohérence reposait traditionnellement sur la comparaison des courbes en S pour le progrès physique et de la consommation du budget qui, non seulement, fournissait une photographie instantanée mais permettait, au fil des revues d'affaire, d'identifier des tendances. Ainsi, lorsqu'on constatait que l'avancement physique d'une tâche ou d'un centre de coût avait tendance à prendre du retard sur le rythme de consommation du budget qui lui était alloué, on pouvait s'attendre à devoir réviser la dépense à prévoir jusqu'à l'achèvement.

Aujourd'hui les modules de gestion de projet intégrés dans ERP disponibles sur le marché permettent des analyses beaucoup plus fines, du moins lorsqu'ils sont correctement mis en œuvre.

Ils reposent en effet sur la combinaison d'une planification physique et d'une planification budgétaire. Le projet est décomposé en tâches, ou paquets, élémentaires qui s'enchaînent dans le planning d'ensemble de l'affaire et auxquelles est attaché un budget unitaire. Il est donc possible de calculer à tout moment un coût budgété pour le travail accompli (*budgeted cost of work performed* ou *BCWP*, ou plus simplement *budgeted cost*). Le simple rapprochement entre *BCWP* et *ACWP* permet alors de déterminer si l'on est bien sur la trajectoire prévue ou si on s'en écarte (auquel cas il est bien évident qu'on doit ajuster l'*ETC* en conséquence). La méthode est d'autant plus robuste que les paquets sont de dimension réduite : l'estimation du taux d'avancement des tâches en cours d'exécution devient alors superflue et il suffit de recenser celles qui sont achevées.

L'intégration dans un ERP assure que les informations obtenues sont directement utilisables par tous les systèmes de l'entreprise et qu'elles sont traçables et sécurisées, garanties que ne procurent pas les tableurs de type Excel qui peuvent être re-paramétrés au gré des utilisateurs.

❖ Provisions pour imprévus et pour risques (*allowances* et *contingencies*)

Comme le *budget as sold* l'*ETC* doit inclure des provisions pour imprévus et des provisions pour risques qui s'ajoutent à l'estimation des dépenses à venir.

La gestion des provisions pour imprévus relève du chef de projet ; il est cependant de bonne pratique de les identifier en tant que telles dans l'*ETC*.

En revanche les provisions pour risque sont soumises à des règles beaucoup plus astreignantes : elles figurent dans une rubrique spécifique de l'*ETC*, elles doivent être cohérentes avec le registre des risques, font chacune l'objet d'une analyse particulière sous la responsabilité de la hiérarchie de l'entreprise (et non du chef de projet). Enfin elles sont revues par les auditeurs à l'occasion des arrêtés de comptes[4].

Estimation du résultat à l'achèvement

La prévision de résultat à l'achèvement (*estimate at completion* ou *EAC*) est la somme de l'*ACWP* et de l'*ETC*. Elle constitue, au moment où elle est émise, la meilleure estimation de ce que sera le résultat final de l'affaire et elle se compare au budget *as sold* qui demeure la référence absolue au regard de laquelle on peut juger de la performance de l'équipe, même si la valeur du projet a pu enfler sous l'effet des variations demandées par le donneur d'ordre ou des réclamations qu'il a acceptées[5].

Même si l'*EAC* fait seule foi sur le plan comptable, il est souvent judicieux de l'encadrer par une fourchette en chiffrant l'impact de scénarios favorables et défavorables : les certitudes absolues sont en effet absentes de l'univers dans lequel évolue le contracteur et c'est aussi une façon de pousser l'équipe de projet dans ses derniers retranchements.

---

[4] Il fut une époque où les entreprises avaient la faculté de constituer des provisions pour risques généraux, ce qui permettait de lisser les résultats d'un exercice sur l'autre. Ce temps est désormais révolu : les nouvelles règles comptables (*IFRS* et *USGAAP*) stipulent qu'on ne peut provisionner que des risques dûment identifiés, analysés et documentés. Cela part sans doute de l'intention louable de jauger au plus près la performance des gestionnaires, mais quelques incidents récents dans le secteur bancaire et ailleurs ont montré les dangers d'une application dogmatique de la théorie de la *fair value* !

[5] Faire augmenter la valeur du contrat (*contract growth*) fait partie des objectifs assignés à une équipe de projet.

Prévisions de trésorerie

Les revues d'affaire doivent également porter sur les prévisions de trésorerie, même si l'échelonnement des encaissements et des décaissements et la reconnaissance comptable des recettes et des coûts ne sont pas directement liés.

Il est en effet indispensable que le service Trésorerie de l'entreprise dispose des éléments lui permettant de gérer au mieux les mouvements de fonds.

Mais là n'est pas le plus important.

Le rapprochement des prévisions de trésorerie et des réalisations est un instrument extrêmement précieux pour détecter des dérives qui n'apparaîtront dans les comptes que beaucoup plus tard.

Un retard de paiement d'un client peut certes résulter de l'inertie ou de la mauvaise volonté de ses services administratifs, mais il arrive aussi qu'on découvre à force de questions que la facture est en fait contestée parce que les prestations auxquelles elle se rapporte sont jugées calamiteuses et que le client n'entend pas la régler tant qu'un complément de travaux n'aura pas été effectué.

Des appels de fonds non prévus en provenance d'un fournisseur ou du chantier peuvent résulter d'oublis dans l'établissement de la prévision antérieure, mais aussi être l'indice d'un dérèglement qui s'amorce...

Bref il y a beaucoup à apprendre de la comparaison mois après mois entre les prévisions et réalisations de trésorerie d'un projet : c'est en effet la première sonnette d'alarme à retentir et la hiérarchie est toujours bien inspirée d'y prêter la plus grande attention.

Traitement comptable des contrats de longue durée

Lorsque l'exécution d'un contrat est à cheval sur une ou plusieurs clôtures comptables, il est indispensable d'allouer la marge dégagée par l'affaire aux différents exercices concernés.

Les normes comptables internationales laissent le choix entre l'une des deux grandes méthodes suivantes :

❖ La comptabilisation à l'achèvement (*completed contract method*)

Les recettes, et la marge, ne sont reconnues que lorsque le projet est terminé. Entre-temps les coûts constatés sont stockés dans le poste « Travaux en cours » sans incidence sur le résultat.

Comme son nom l'indique cette méthode consiste à ne dégager le résultat d'une affaire que lorsqu'elle est achevée. C'est une approche conservatrice, pour autant qu'on ait pris soin de provisionner les pertes à venir aussitôt qu'elles sont identifiées.

❖ La comptabilisation à l'avancement (*percentage of completion method* ou *POC*)

Recettes et marge sont dégagées à mesure que le projet progresse, l'avancement étant calculé à partir soit des dépenses constatées soit du volume physique des travaux effectués.

Le recours à cette méthode, plus risquée que la précédente, suppose bien entendu que l'entreprise qui la pratique dispose des systèmes de contrôle de gestion permettant de déterminer de façon fiable le résultat à terminaison.

Il existe entre ces deux approches la même différence qu'entre les systèmes de retraite par capitalisation et par répartition : s'il est aisé de passer de la première à la seconde[6], le mouvement inverse est infiniment plus douloureux.

Dans la majorité des cas on adopte comme taux d'avancement le rapport des coûts constatés « à date » au coût total du projet. On applique ce ratio au chiffre d'affaires total de l'affaire pour déterminer ainsi le chiffre d'affaires « mérité » (chiffre d'affaires à l'avancement ou *earned revenue*). La marge « méritée » (marge à l'avancement ou *earned gross margin*) s'obtient en en défalquant les coûts « à date ».

Le métier de contracteur n'étant pas exempt de surprises et l'essentiel des incidents étant concentrés sur la phase de chantier ou d'installation, on s'expose à des déconvenues si on reconnaît de la marge de façon prématurée. C'est pourquoi beaucoup d'entrepreneurs ont pour règle de ne pas dégager de marge sur une affaire tant qu'elle n'a pas atteint un certain taux d'avancement[7].

Dès que la prévision de marge brute devient négative, la totalité de la perte attendue doit être provisionnée et ce quelque soit le taux d'avancement. La prudence — et la sincérité vis-à-vis de l'actionnaire — commanderaient de provisionner également la contribution à la couverture des frais généraux qui était attendue de

---

[6] C'est la première cartouche que tire un chef d'entreprise en cas d'accident de parcours, mais elle est malheureusement à usage unique.

[7] Il fut un temps où un grand groupe français d'ingénierie s'astreignait à ne constater les marges qu'au prorata du carré du taux d'avancement...

l'affaire, mais les règles comptables en vigueur l'interdisent.

Cas des contrats multi-devises et multi-entités

À la différence du cas élémentaire qui a été étudié jusqu'à présent, la plupart des grands projets sont multidevises et leur exécution mobilise des ressources à l'échelle de la planète avec des fournitures en provenance de différents pays et des prestations à destination d'autres pays.

On se heurte, dans ces environnements complexes, à des réglementations ou des contraintes locales mal établies ou contradictoires, génératrices d'aléas de toutes sortes que le contracteur se doit de maîtriser pour mener son projet à bonne fin.

S'y ajoutent les prescriptions du client, ou de ses bailleurs de fonds, résultant de sa propre situation juridique et des caractéristiques des financements qu'il mobilise.

Pour concilier ces impératifs parfois incompatibles, on est souvent amené à décomposer le projet en modules alloués à différentes entités contractantes dont les statuts juridiques, les comptabilités, les devises fonctionnelles sont adaptés aux nécessités locales... au prix bien entendu d'interfaces supplémentaires. C'est ainsi qu'il est d'usage de distinguer une part « *out* » d'une part « *in* » dans les affaires à la grande exportation ou d'avoir recours à des véhicules spécifiques lorsque l'affaire combine un volet de prestations de services à un volet de fournitures d'équipements. La taille du projet ou l'ampleur et la diversité des ressources à mobiliser imposent parfois à plusieurs contracteurs de s'associer de façon temporaire en créant une structure ad hoc (GIE, consortium ou groupement...).

Cette capacité à gérer la complexité fait partie des savoir-faire que les grands contracteurs internationaux sont en mesure de mettre à la disposition de leurs clients ; c'est même ce qui leur permet souvent de l'emporter, en dépit de frais généraux plus élevés, face à des concurrents régionaux.

Le contrôle de gestion de ces grands projets, multidevises et multi-entités, suppose qu'on se soit mis d'accord sur les règles à utiliser pour comptabiliser des dépenses et recettes effectuées dans des devises différentes de la devise fonctionnelle de la société qui les enregistre et pour consolider les contributions de chacun des intervenants, de façon à disposer à tout moment d'une vision globale du projet et d'être en mesure de déterminer sa contribution au résultat du groupe ou du consortium auquel il a été confié.

Les grands standards comptables internationaux définissent de façon précise les prescriptions auxquelles il convient de se conformer. Nous nous bornerons ici à évoquer les grands principes à respecter sans entrer dans le détail de leur mise en œuvre.

Il convient tout d'abord d'énoncer la règle d'or à laquelle il importe que chacun se conforme tout au long de la vie d'une affaire : toute transaction doit être enregistrée dans sa devise source (c'est à dire celle dans laquelle elle a été exécutée) et l'entité au débit ou au crédit de laquelle elle a été portée doit être identifiée[8].

---

[8] Rappelons que le projet ne bénéficie pas de la personnalité juridique et comptable. N'en disposent que les entités juridiques qui interviennent dans sa réalisation. Pour avoir une vision d'ensemble d'un projet il faut

Ce point est tout à fait essentiel car la perte de ces deux informations capitales rend impossible toute analyse approfondie des chiffres qui remontent du contrôle de gestion.

Venons en maintenant aux opérations qu'une entité réalise dans une devise différente de sa devise fonctionnelle et qu'il convient donc de convertir dans cette devise fonctionnelle.

Les transactions passées sont converties à leurs taux historiques c'est-à-dire aux taux de change constatés au moment de leur réalisation effective, les transactions à venir au dernier taux connu à la date où est calculé l'*ETC*. L'*estimate at completion* est donc la somme arithmétique d'un *ACWP* converti aux taux historiques successifs et d'un *ETC* déterminé à partir des derniers taux connus.

Il est évident qu'une entreprise qui exécute un projet dans lequel interviennent des devises qui ne coïncident pas avec sa devise fonctionnelle est exposée à un risque de change qui s'ajoute aux aléas propres au projet. Cette volatilité peut avoir un impact considérable sur le résultat d'affaires s'étalant sur plusieurs années. C'est pourquoi il est fortement recommandé de geler les taux de change au niveau de l'*as sold* en mettant en place des couvertures adéquates[9].

Celles-ci consistent à faire vendre ou acheter à terme par les différentes entités exécutantes les recettes et débours occasionnés par le projet dans des devises

---

donc consolider les comptabilités analytiques de ces différentes entités. La démarche inverse est fortement déconseillée.

[9] Encore faut-il que l'entité bénéficiant de la couverture soit considérée comme solvable par les banques. En effet une couverture de change consiste en réalité à emprunter dans une devise et à placer dans une autre jusqu'au dénouement de l'opération.

différentes de leurs devises fonctionnelles. De la sorte le budget *as sold* est immunisé contre les fluctuations de change : si le projet se déroule conformément au calendrier et au budget initiaux, les gains ou pertes de change sur transactions physiques sont exactement compensés par les résultats des couvertures. Les écarts nets de change ne peuvent alors résulter que de dérives des coûts ou de décalages dans le temps qui engagent la responsabilité de l'équipe de réalisation.

La consolidation des contributions des différents intervenants dans la réalisation nécessite elle aussi quelques précautions.

Il faut tout d'abord convertir les données émanant des différentes entités (dans leurs devises fonctionnelles) en une devise unique appelée devise de consolidation (*reporting* ou *consolidation currency*). Cette opération s'appelle la translation et elle s'effectue de la même façon que la conversion en devise fonctionnelle :

- ❖ les recettes et coûts passés sont translatés aux taux historiques

- ❖ les recettes et coûts à venir sont translatés aux derniers taux connus.

Il est évident que l'opération de translation est à l'origine de différences de change qui ne relèvent pas de la responsabilité de l'équipe de réalisation. Son impact est donc identifié en tant que tel dans les comptes. On pourrait certes imaginer de mettre en place au niveau consolidé des couvertures pour gommer l'effet de translation, mais une telle pratique est considérée comme spéculative et les normes comptables prévoient que les instruments correspondants sont comptabilisés en appliquant la règle de la juste valeur (*fair market value*) ce qui introduit une volatilité d'une autre nature.

Un autre type de difficulté tient à ce qu'à un instant donné, l'avancement des coûts n'est pas forcément le même chez tous les acteurs du projet.

Pour s'en convaincre il suffit de considérer le cas où une entreprise est en charge de l'ingénierie et des achats et une autre est responsable du chantier de montage et de la mise en service. La première aura atteint un taux d'avancement de pratiquement 100% alors que la seconde aura à peine commencé à travailler.

Les risques d'un projet se matérialisant en général pendant la phase de réalisation, il serait fort imprudent de reconnaître l'intégralité des gains sur achats tant qu'on n'a pas une bonne idée de la façon dont se déroulent les opérations sur le terrain.

C'est la raison pour laquelle on fonde le dégagement de la marge consolidée d'un projet complexe sur l'avancement de son coût global et non en cumulant les marges reconnues au niveau de chacune des entités contractantes.

Pour cela on corrige le taux d'avancement des coûts au moment de la consolidation. Il existe plusieurs méthodes pour effectuer cette correction. La plus logique consiste sans doute à :

✧ extraire des comptes des différentes entités intervenantes les coûts à date et les coûts à l'achèvement, exprimés dans leurs devises fonctionnelles respectives après élimination des opérations internes,

✧ effectuer les translations nécessaires dans la devise de consolidation,

❖ calculer un taux d'avancement consolidé (*consolidated POC*) en comparant le coût consolidé « à date » au coût consolidé à l'achèvement,

❖ déterminer le chiffre d'affaire consolidé « mérité » ainsi que la marge à l'avancement en appliquant ce taux à la recette consolidée à l'achèvement.

On pourrait poursuivre longtemps encore l'énumération des outils et des règles utilisés dans le contrôle de gestion de projet... Il faut cependant toujours se souvenir que la sophistication des chiffres et des traitements comptables ne peut se substituer à la compréhension de ce qui se passe concrètement sur le terrain : est-on en retard sur le planning, les coûts constatés sont-ils en ligne avec les coûts budgétés, fournit-on bien au client ce qui est prévu au contrat, les fournisseurs seront-ils au rendez-vous, est-on exposé à la mauvaise volonté ou au chantage d'un sous-traitant, les procédures d'installation ou de montage sont-elles prêtes, les formalités administratives nécessaires ont-elles été accomplies, etc., etc. ?...

Voilà ce à quoi doit s'attacher avant tout le contrôle de gestion de projet, dans la transparence vis-à-vis de la hiérarchie de l'entreprise.

Quelques Idées
Générales
en Guise de Conclusion

Le thème de la désindustrialisation est récurrent dans le discours des hommes politiques français, surtout à l'approche des échéances électorales. Il s'agit alors de faire rêver l'électeur sur fond de cheminées fumantes (même si on se pose par ailleurs en défenseur intransigeant de la pureté de l'eau qu'on boit et de l'air qu'on respire).

Cette nostalgie de l'époque où il était de bon ton d'exalter les Stakhanov et autres Wang Jinxi est assurément sympathique, mais on oublie un peu vite que les conditions de travail dans les mines et les manufactures étaient inacceptables. Il est d'ailleurs significatif que les tentatives de relance de la production charbonnière nationale à la suite des chocs pétroliers des années 70, promues par les politiques en dépit de leur absurdité économique, aient capoté sur la simple constatation qu'il était devenu impossible de recruter suffisamment de français acceptant de descendre à nouveau au fond de la mine !

Maurice Allais aimait à rappeler que la France disposait au début du XXème siècle de la première marine à voile du monde, alors que toutes les autres grandes nations maritimes étaient en train de passer à la propulsion mécanique.

Dans un registre voisin, Jean-Paul Sartre se serait exclamé dans un accès de lucidité : « Il ne faut pas désespérer Billancourt... »

Penchons-nous précisément sur le processus de création de valeur dans l'industrie automobile.

Pour développer un nouveau modèle il faut entre trois et six ans, lequel modèle a devant lui une espérance de vie d'une dizaine d'années au maximum à condition d'effectuer en temps opportun les modifications d'aspect extérieur (*restyling*) destinées à raviver l'intérêt d'une clientèle sans cesse à l'affût de la nouveauté.

Dix ans c'est également le temps nécessaire pour déployer une gamme couvrant les segments de marché permettant d'accéder à des volumes suffisants.

À l'autre bout de la chaîne de valeur, la distribution exige encore plus de persévérance : établir une marque et mailler un territoire avec un réseau de filiales, de concessions et d'agences demande au bas mot un demi-siècle.

La fabrication proprement dite des véhicules n'a pas la même profondeur stratégique. Elle fait appel à une main d'œuvre peu formée, à laquelle on demande d'accomplir des gestes répétitifs. Les constructeurs arbitrent de façon permanente entre sous-traitants et équipementiers, ne conservant bien souvent en propre que le montage final des véhicules.

Où se situe la valeur dans cet enchaînement ? À l'évidence elle se concentre sur la conception et la commercialisation, pôles entre lesquels on n'aurait à la limite besoin que d'une super photocopieuse !

Il en va désormais de même pour la plupart des productions en série : la valeur réside dans la conception tant du produit que de son processus de fabrication et dans le marketing. Pour le reste, la main d'œuvre bon marché entre en compétition directe avec les robots.

Une telle vision relève bien sûr de la caricature et il existe nombre d'activités manufacturières qui requièrent encore des personnels hautement qualifiés. Ceci dit on a par trop tendance confondre industrie et bataillons alignés le long de chaînes d'assemblage ou au pied de hauts-fourneaux crachant escarbilles et fumées.

Le drame est que bien souvent ceux qui dissertent doctement sur l'industrie n'ont que peu ou pas d'expérience de terrain en la matière.

La production en série faite de gestes répétitifs accomplis par une armée d'opérateurs disposant, pour les exécuter, de temps de cycle de l'ordre de quelques minutes dans le meilleur des cas s'est déplacée vers des pays où il existe encore une main d'œuvre bon marché et acceptant de gré ou de force un statut proche du servage. C'est se bercer d'illusions ou faire preuve de cynisme que de laisser croire qu'il est possible de rapatrier les emplois ainsi perdus.

Les activités manufacturières peuvent certes se localiser à nouveau dans les pays développés, mais ce sera au prix d'une automatisation poussée des processus de production et le gain en termes d'emplois sera modeste. Il est d'ailleurs probable que l'élévation du niveau de vie de leur population contraindra les pays aujourd'hui à bas coût à effectuer un mouvement similaire.

La vérité est que les effectifs du prolétariat industriel sont appelés à fondre, n'en déplaise à ceux qui en font un fonds de commerce. Au recours massif au travail peu qualifié et répétitif se substituera un petit nombre d'emplois de superviseurs et de techniciens de maintenance.

Sans aller jusqu'à prétendre comme certains que l'industrie n'a plus besoin d'usines, force est de constater que l'acte de production proprement dit n'a plus le même poids dans le processus qui conduit de l'identification d'un besoin économique à sa satisfaction. L'effondrement des coûts de traitement de l'information combiné à la quasi-instantanéité des communications est passé par là.

Il en résulte un bouleversement de la hiérarchie des priorités pour les entreprises industrielles. C'est leur capacité à innover, à identifier de nouveaux besoins, à développer les produits correspondants, à concevoir les outils nécessaires à leur élaboration, à développer les approches commerciales les mieux adaptées aux cibles visées et à attirer les capitaux et les talents nécessaires qui leur procure désormais un avantage compétitif, et non plus le nombre et la taille de leurs usines.

L'époque est révolue où tout ce qu'on demandait à la main d'œuvre était d'être docile et dure à la tâche. Il est maintenant indispensable qu'elle soit motivée et inventive car on n'attend plus d'elle qu'elle répète seulement à l'infini des gestes ou des procédures définis par une hiérarchie lointaine.

Contrairement à une opinion trop répandue, le ressort fondamental qui anime les entreprises industrielles n'est pas le profit immédiat mais bien plutôt le désir collectif de croître, d'écrire une histoire commune et de s'affirmer ainsi dans la durée ; c'est d'ailleurs ce qui explique que le bilan des méga-fusions soit si souvent décevant : les synergies mirobolantes qui ont été identifiées sur le papier tardent à se matérialiser car l'ingrédient essentiel, qui est la mobilisation de tous, fait défaut. Le consensus ne se décrète pas à partir du sommet, il ne peut être secrété que par la base.

Deux leviers extrêmement puissants permettent de réaliser cette formidable libération d'énergies : l'organisation de projet et la qualité totale (*TQM* ou *total qualité management*). Ainsi que l'observait voici bientôt trois siècles Benjamin Franklin, c'est en impliquant les gens qu'on peut espérer déplacer des montagnes. La modeste ambition de ce livre est d'avoir contribué à en persuader le lecteur.

A Propos de l'Auteur

Jean-Pierre Capron est reconnu largement comme un des experts les plus chevronnés en matière d'organisations projets. Ingénieur des Mines, c'est aux Houillères du Bassin de Lorraine qu'il considère avoir appris les bases du management et du leadership. Grand serviteur de l'Etat, il fut à l'œuvre dans l'administration pendant les chocs pétroliers des années 1970. Puis, pendant plus de 25 ans il a conduit la transformation et le redressement de grandes organisations :

• Technip et le Commissariat à l'Énergie Atomique dans les années 1980 ;

• Renault Trucks et Fives Lille (un grand groupe de l'industrie mécanique) dans les années 1990 ;

• La filiale « Afrique » d'Acergy (un leader dans la construction d'infrastructures en mer pour l'industrie pétrolière) dans les années 2000.

Jean-Pierre Capron est connu pour son approche rigoureuse et pragmatique du management qu'il combine avec un humour pince-sans-rire et une grande capacité d'observation des dynamiques des hommes dans les organisations.

Ayant pris sa retraite en 2008, il est fort occupé par ses petits-enfants et son jardin en Bretagne ; il a cependant trouvé le temps de distiller ce que la vie lui a appris en matière de gestion de grands projets dans ce petit guide à l'intention de ceux qui aujourd'hui, y trouvent toujours le goût de l'aventure.

Index

Glossaire Français-Anglais des Grands Projets

Exécution du projet

Achats	*Procurement* ou *supply chain management (SCM)*
Affaires terminées	*Closed jobs*
Avant-projet sommaire	*Basic engineering* ou *front end engineering (FEED)*
Bon de commande	*Purchase order*
Bordereaux d'attachement hebdomadaires	*Time sheets*
Coefficient d'accrétion ou de réfaction	*Buy-out*
Contracteur	*Contractor*
Déverminage	*Debugging*
Donneur d'ordre	*Owner, client* ou *company*
Ingénierie de détail	*Detail engineering*
Ingénierie simultanée	*Simultaneous engineering*
Ingénieurs de terrain	*Field engineers*
Investissement	*Capital expenditure* ou *CAPEX*
Limites de fourniture	*Scope of work*
Lots *(découpage du projet)*	*Work packages*
Opérations de raccordement	*Hook-up*
Plan d'exécution du projet	*Project execution plan*
Procédé	*Process*
Registre des documents contractuels	*Master document register*
Registre des facturations au client	*Invoice Register*
Registre des litiges	*Claims Register*
Registre des variations et réclamations	*Change / Variations Register*
Relance (achats)	*Expediting*
Remise à niveau d'installation existante	*Revamping*
Retour d'expérience	*Lessons learnt*
Réunions de lancement	*Kick-off meetings*
Superviseurs de chantier	*Quantity surveyors*

Terminologie contractuelle

Caution de garantie	*Retention bond*
Caution de performance	*Performance bond*
Caution de restitution d'acompte	*Advance money guarantee*
Caution de soumission	*Bid bond*
Clause de rebut	*Reject clause*
Clauses contractuelles standard	*Contracting principles*
Contrat de régie	*Pay as you go*
Défaillance *(contrat)*	*Default*
Dommage indirect *(contrat)*	*Consequential damages*
Mise en vigueur *(contrat)*	*Coming into force*
Non-respect du contrat	*Breach of contract*
Parallélisme des conditions contractuelles	*Back to back conditions*
Prix forfaitaire	*Lump sum price*
Réception et transfert de propriété	*Acceptance and taking over*
Réserves	*Punch list*
Résiliation *(contrat)*	*Termination*
Résolution des litiges	*Dispute resolution*
Retenue de garantie	*Retention money*
Variations	*Variations, changes, change orders*

Contrôle de projet et finance

Budget de référence	*As Sold Budget*
Chiffre d'affaires à l'avancement	*Earned revenue*
Comptabilisation à l'achèvement	*Completed contract method*
Comptabilisation à l'avancement	*Percentage of completion method*
Coût budgété pour le travail accompli	*Budgeted cost of work performed (BCWP)*
Coûts « à date »	*Costs to date*
Couvertures de change	*Hedging*
Couvertures naturelles de change	*Natural hedging*
Devise de consolidation	*Reporting / consolidation currency*
Journal des engagements	*Commitments register*
Juste valeur	*Fair market value*
Marge à l'avancement	*Earned gross margin*
Paiement de l'acompte	*Down payment*
Prestations internes	*Intercompany charges*
Prévision de résultat à l'achèvement	*Estimate at completion (EAC)*
Provisions pour imprévus	*Allowances*
Provisions pour risques	*Contingencies*
Recettes « à date »	*Revenues to date*
Taux d'avancement consolidé	*Consolidated Percentage Of Completion*

Project Value Delivery

Une société de conseil leader pour la gestion des grands projets complexes

Ce livre de référence en matière de gestion de projets a été sponsorisé par *Project Value Delivery*, une société de conseil en gestion de projets qui a l'ambition de « **Permettre aux Organisations de Réussir avec Fiabilité l'Exécution de Grands Projets Complexes**»

Une partie de notre mission est d'identifier et de propager les meilleures pratiques qui permettent de réussir les projets. Notre objectif est de délivrer un cadre de référence complet qui permette de transformer les projets complexes en des entreprises a l'issue beaucoup plus certaine qu'aujourd'hui.

Ce livre a été écrit par un des dirigeants les plus expérimentés en matière de gestion et de sauvetage d'entreprises réalisatrices de grands projets. Il décrit quelle est l'organisation indispensable que doivent mettre en place les organisations qui aspirent à réaliser des grands projets avec un succès renouvelé.

Notre approche du succès des projets

A *Project Value Delivery*, nous pensons que le succès des grands projets est basé sur trois piliers qui nécessitent des compétences et des méthodes spécifiques aux grands projets complexes. Ces trois piliers se doivent d'être solides pour permettre un succès fiable et reproductible :

- Le "Project Soft Power™" (l'aspect humain)
- Les systèmes
- Les processus

Nous nous focalisons sur l'implémentation de ces compétences et de ces méthodes dans les organisations au travers de missions de conseil, de formation et de coaching. Nous développons ce dont ces organisations ont besoin et nous les aidons à implémenter ces trois piliers de manière durable, en leur transférant nos connaissances et nos compétences.

Nous reconnaissons que pour être efficaces, nos interventions nécessitent l'accès à des informations confidentielles et nous faisons un point d'honneur de traiter toute information qui nous est confiée avec la plus grande confidentialité et intégrité.

Nos Produits

Nos produits découlent directement de nos trois piliers. Nous avons développé des outils et méthodes exclusifs afin de délivrer les résultats recherchés pour les grands projets complexes. Dans un certain nombre de domaines, ces outils peuvent être significativement différents de ceux qui sont utilisés usuellement sur des projets plus petits ou plus simples.

Intercultural leadership

Project Soft Power

Team effectiveness

Project Coaching

Unleashing Value from Your Large, Complex Projects

Leadership development

Project Startup support

Project Recovery

Support systems integration

Advanced project training

Project Control and Reporting

Systems

Processes

Project Health Check

Remote sites integration

Advanced risk management

Organizational maturity

Convergence planning

Nous nous concentrons sur des missions de conseil, de formation ou de coaching sur des périodes courtes où nous analysons la situation, et développons des outils spécifiques si nécessaire. Puis nous transférons nos connaissances et nos compétences à nos clients afin qu'ils puissent les implémenter de manière durable.

Contact

Contactez nous pour en savoir plus :
Contact @ ProjectValueDelivery.com,
Et visitez notre site internet **www.ProjectValueDelivery.com** –
(enregistrez vous pour recevoir nos articles et documents)

www.ingramcontent.com/pod-product-compliance
Lightning Source LLC
Chambersburg PA
CBHW031944190326
41519CB00007B/648